中国水利教育协会　组织

全国水利行业"十三五"规划教材（中等职业教育）

水工混凝土施工

主　编　毛锡玉

U0280755

中国水利水电出版社
www.waterpub.com.cn
·北京·

内 容 提 要

　　本书全面系统阐述了水工混凝土的施工工艺和技术要求，全书共分 10 章，主要内容包括：混凝土概述，混凝土制备，混凝土运输，混凝土浇筑与养护，碾压混凝土施工，泵送混凝土施工，预应力混凝土施工，水下混凝土施工，混凝土施工质量控制与检验，文明施工与安全防护。

　　本书可作为水利水电工程、水利工程监理、水利工程造价、水利水电工程管理等专业的中等职业教材及相关专业的教学参考书，也可为水利水电类技术人员培训提供参考。

图书在版编目（ＣＩＰ）数据

水工混凝土施工 / 毛锡玉主编. -- 北京 ： 中国水
利水电出版社，2017.1（2022.7重印）
　全国水利行业"十三五"规划教材. 中等职业教育
　ISBN 978-7-5170-5128-2

　Ⅰ．①水… Ⅱ．①毛… Ⅲ．①水工建筑物－混凝土施
工－中等专业学校－教材 Ⅳ．①TV544

　中国版本图书馆CIP数据核字(2017)第007084号

书　　　名	全国水利行业"十三五"规划教材（中等职业教育） **水工混凝土施工** SHUIGONG HUNNINGTU SHIGONG	
作　　　者	主编　毛锡玉	
出 版 发 行	中国水利水电出版社 （北京市海淀区玉渊潭南路 1 号 D 座　100038） 网址：www.waterpub.com.cn E-mail：sales@mwr.gov.cn 电话：(010) 68545888（营销中心）	
经　　　售	北京科水图书销售有限公司 电话：(010) 68545874、63202643 全国各地新华书店和相关出版物销售网点	
排　　　版	中国水利水电出版社微机排版中心	
印　　　刷	北京市密东印刷有限公司	
规　　　格	184mm×260mm　16 开本　10.75 印张　255 千字	
版　　　次	2017 年 1 月第 1 版　2022 年 7 月第 2 次印刷	
印　　　数	1501—2500 册	
定　　　价	39.00 元	

凡购买我社图书，如有缺页、倒页、脱页的，本社营销中心负责调换
版权所有·侵权必究

前　言

　　本书是根据教育部办公厅《关于制订中等职业学校专业教学标准的意见》（教职成厅〔2012〕5号）及全国水利职业教育教学指导委员会制定的《中等职业学校水利水电工程施工专业教学标准》编写完成的。编者针对当前水利中等职业教育的发展现状，结合新形势下的职业岗位需求，以培养实用型技能人才为核心，从水工混凝土的制备、运输、浇筑、养护等方面入手，全面介绍了水工混凝土施工流程和混凝土施工质量控制。重点讲述了目前应用较多的碾压混凝土、泵送混凝土、预应力混凝土、水下混凝土的施工过程。本书注重引入最新规范、标准，力求内容简单新颖、突出实用性。

　　参加本书编写的人员有山东水利技师学院毛锡玉，河南水利与环境职业学院赵秀凤、刘艳芳、乔连朋，甘肃省水利水电学校刘睿，长春水利电力学校李金涛。具体分工如下：绪论、第9章、第10章由乔连朋编写；第1章由刘睿编写；第2章、第3章由李金涛编写；第4章、第8章由毛锡玉编写；第5章、第6章由赵秀凤编写；第7章由刘艳芳编写。本书由毛锡玉任主编，刘艳芳、赵秀凤任副主编。

　　由于时间仓促，加之编者水平有限，本书中难免出现错误和不妥之处，热切希望广大师生和读者批评指正。

编者

2016 年 11 月

目 录

绪　　论

由于混凝土结构的诸多优点，其已成为建设工程中最为常用的建筑形式之一。20世纪初，随着越来越多的混凝土工程施工兴建，人们对混凝土的认识也越来越全面。混凝土是指由胶凝材料将集料胶结成整体的工程复合材料的统称。通常讲的混凝土一词是指用水泥作胶凝材料，砂、石作集料，与水（可含外加剂和掺合料）按一定比例配合，经搅拌而得的水泥混凝土，也称普通混凝土，它广泛应用于土木工程中。

1. 混凝土的特点

现代混凝土是以工业化生产的预拌混凝土为代表，以高效减水剂和矿物掺合料的大规模使用为特征。现代混凝土减小了混凝土强度对水泥强度的依赖，拌和物的流变性能更加突出，保证混凝土结构耐久性的要求日益增强，在生产和使用过程中需满足可持续发展的原则。混凝土目前广泛应用于工程建设中，表现出了很多的优点，同时它也存在一些缺点。

混凝土发展之所以快，应用很广，是由于具有以下几个优点：

（1）原材料非常丰富，水泥的原材料以及砂、石、水等材料，在自然界极为普遍，极为丰富，均可以就地取材，而且价格低廉。

（2）混凝土可以制成任何形状，混凝土在凝结前，可以按照模板的形状做成任何结构。微小的装饰花纹及大型构筑物都能单个预制，或连续不断地整体浇筑，制作简单，施工方便。

（3）能适应各种用途，既可以按照需要配制成各种强度的混凝土，还可以按照其使用性能在配料上、工艺上采取措施制成特定用途的混凝土，如耐火、耐酸、耐油、防辐射等。

（4）经久耐用，维修费用少，混凝土对自然条件影响具有较好的适应性。对冷热、冻融、干湿等的变动，对风雨侵蚀、外力撞击、水流冲刷、使用磨损等都有一定的抵抗力。在正常使用情况下是一种寿命较长的工程材料。

混凝土也有其缺点，如自重大，抗拉强度不高，早期强度低、收缩变形大等。目前，混凝土工作者正在针对这些存在的问题，对混凝土的改性工作进行研究，并且已取得初步效果。

2. 水工混凝土施工特点

水工混凝土一般用于水利水电工程，其质量要求与工业民用建筑混凝土不同，除了强度要求外，还根据所处的部位和工作条件，分别满足抗冻、抗渗、抗裂、抗压、抗拉、抗冲耐磨、抗风化等设计要求。水工混凝土在实际工程施工中一般表现以下几个特点：

（1）一般工程规模较大、工期较长。大中型水利水电工程中用到的混凝土量通常要达到百万立方米，从混凝土开始浇筑到工程结束一般要达到 3 年以上的时间。为了保证混凝土的质量和施工进度，必须采用现代机械化手段，选择合理的施工方案。

（2）水利工程施工季节性较强。水工混凝土施工，经常会由于天气原因、施工导流、拦洪度汛、灌溉和生活工业用水等因素的影响，不能连续施工。

（3）施工温度控制要求严格。水工混凝土中很多是大面积或大体积混凝土，为了防止混凝土因温度变化而发生各种裂缝以及由于浇筑能力的限制，通常需要采用分缝分块进行浇筑，浇筑层高一般为 0.75～3.0m。各坝段和各仓坝块交替上升。另外，为了防止混凝土温度裂缝，必须根据当地的气温条件，对混凝土进行严格的温度控制。

（4）水利工程不同部位对混凝土的要求不同。根据各部位的使用功能，选用不同的混凝土，一般分为普通部位混凝土和特殊部位混凝土，普通部位的混凝土一般要求强度和抗渗性，而特殊部位的混凝土还要求抗冻性、抗冲磨等。

（5）施工技术复杂。水工建筑物因其用途和工作条件的不同，一般体型复杂多样，常采用多种等级的混凝土。另外，混凝土浇筑又常与地基开挖、地基处理以及一部分安装工程发生交叉作业，由于工种工序较多，相互干扰，矛盾很大。

（6）水工建筑物高度大。大中型水工建筑物经常达几十米至数百米，现在混凝土施工中经常涉及高空作业，安全施工难度加大，给混凝土的浇筑带来了很大困难，要求有完善的高空作业专项施工方案和安全防护措施以及有效的安全防护设备，同时还需要大量的现代化机械配合完成相关工作。

3. 学习本书的目的

本书主要是培养学生牢固掌握各类混凝土的基本知识，熟悉各种混凝土的施工技术要点，使学生能根据实际工程不同部位要求对混凝土进行合理的选用和设计它们的配合比，并能够针对各种混凝土的质量要求和施工要点进行质量控制和检测，为学生今后从事混凝土工作以及相关工作打下坚实的理论基础。

第1章 混凝土概述

【学习目标】 了解水工混凝土的发展现状，熟悉水工混凝土主要组成材料选择的相关规定，掌握混凝土主要组成材料选择的基本要求和基本方法，明确混凝土主要技术性质（如和易性、强度、耐久性及变形）的测定方法、测定仪器、计算方法，掌握混凝土配合比设计过程的主要依据及基本方法。

【知识点】 水工混凝土主要组成材料选择、主要技术性质及混凝土配合比设计。

【技能点】 能够合理选择水工混凝土主要组成材料，能够掌握混凝土主要技术性质的测定方法、测定仪器使用、计算方法及混凝土配合比设计计算。

1.1 混凝土分类

1.1.1 混凝土的分类

1.1.1.1 按结构分类

（1）普通结构混凝土。它由（重质或轻质）粗骨料、（重质或轻质）细骨料和胶结材料制成。

（2）细粒混凝土。它仅由细骨料和胶结材料制成。

（3）大孔混凝土。它仅由（重质或轻质）粗骨料和胶结材料制成。骨料粒子外表包以水泥浆，粒子彼此为点接触，粒子间有较大的空隙。

（4）多孔混凝土。这种混凝土既无粗骨料、也无细骨料，全由磨细的胶结材料和其他粉料加水拌成的料浆用机械方法或化学方法使之形成许多微小的气泡后再经硬化制成。

1.1.1.2 按密度分类

（1）重混凝土。是指密度大于 2500kg/m³ 的混凝土。常由重晶石和铁矿石配制而成，主要用于原子能工程的屏蔽材料。

（2）普通混凝土。是指密度为 1900～2500kg/m³ 的水泥混凝土。主要以砂、石子和水泥配制而成，是土木工程中最常用的混凝土品种，主要用于各种承重结构中。

（3）轻混凝土。是指密度为 500～1900kg/m³ 的混凝土。包括轻骨料混凝土、多孔混凝土和大孔混凝土等，主要用于承重结构和承重隔热制品。

（4）特轻混凝土。密度在 500kg/m³ 以下，包括密度在 500kg/m³ 以下的多孔混凝土和用特轻骨料制成的轻骨料混凝土，主要用作保温隔热材料。

1.1.1.3 按定额分类

（1）普通混凝土。普通混凝土分为普通半干硬性混凝土、普通泵送混凝土和水下灌注混凝土，它们各自又分为碎石混凝土和卵石混凝土。

（2）抗冻混凝土。抗冻混凝土分为抗冻半干硬性混凝土、抗冻泵送混凝土，它们各自又分为碎石混凝土和卵石混凝土。

1.1.1.4　按用途分类

按混凝土在工程中的用途不同可分为结构混凝土、水工混凝土、海洋混凝土、道路混凝土、防水混凝土、补偿收缩混凝土、装饰混凝土、耐热混凝土、耐酸混凝土和防辐射混凝土等。

1.1.1.5　按强度等级分类

（1）低强度混凝土：抗压强度小于 20MPa。

（2）中强度混凝土：抗压强度 20～50MPa。

（3）高强度混凝土：抗压强度大于 50MPa。

1.1.1.6　按生产和施工方法分类

按混凝土的生产和施工方法不同可分为预拌（商品）混凝土、泵送混凝土、喷射混凝土、压力灌浆混凝土（预填骨料混凝土）、挤压混凝土、离心混凝土、真空吸水混凝土和碾压混凝土等。

1.1.1.7　按胶凝材料分类

（1）无机胶凝材料混凝土，如水泥混凝土、石膏混凝土、硅酸盐混凝土、水玻璃混凝土等。

（2）有机胶凝材料混凝土，如沥青混凝土、聚合物混凝土等。

1.1.2　未来混凝土的发展与设想

混凝土作为重要的工程材料，具有原材丰富、价格低廉、生产工艺简单、抗压强度高、耐久性好、抗震耐火、可塑性较好、强度等级范围宽等诸多显著优点，因而在未来很长一段时间内，具有广阔的发展空间和应用前景。其未来发展要求是在满足材料基本发展趋势和对材料的基本性能要求的基础上，针对混凝土自身缺陷不断寻求改善新工艺、施工新方法和发展新型可持续混凝土，充分保证混凝土的生产效率和实用性。

随着科学技术的发展与混凝土技术的研究，人们将混凝土科学与其他学科相结合，提出了更多的新型高性能混凝土和可持续发展混凝土，例如活性粉末混凝土、智能混凝土、生态混凝土等，将混凝土技术推向更高的层次。

1.1.2.1　活性粉末混凝土

活性粉末混凝土于 1993 年在法国研制成功。它是具有超高抗压强度、高耐久性及高韧性的新型水泥基复合材料，不仅可获得 200MPa 或 800MPa 的超高抗压强度，而且具有 30～60MPa 的抗折强度，有效地克服了普通高性能混凝土的高脆性。活性粉末混凝土是由级配良好的石英细砂（不含粗骨料）、水泥、石英粉、硅粉、高效减水剂等组成，为了提高混凝土的韧性和延性可加入钢纤维，在混凝土的凝结、硬化过程中采取适当的加压、加热等成型养护工艺制成。由于提高了组分的细度和反应活性，因此被称为活性粉末混凝土（Reactive Powder Concrete，RPC）。目前活性粉末混凝土已成为国际工程材料领域一个新的研究热点。

1.1.2.2 智能混凝土

智能混凝土是在混凝土原有组分基础上复合智能型组分,使混凝土具有自感知和自记忆、自适应、自修复特性的多功能材料。根据这些特性可以有效地预报混凝土材料内部的损伤,满足结构自我安全检测需要,防止混凝土结构潜在脆性破坏,并能根据检测结果自动进行修复,显著提高混凝土结构的安全性和耐久性。以目前的科技水平制备完善的智能混凝土材料还相当困难。但近年来损伤自诊断混凝土、温度自调节混凝土、仿生自愈合混凝土等一系列智能混凝土相继出现。

1.2 混凝土组成材料

普通混凝土是以通用水泥为胶结材料,用普通砂石材料为骨料,并以普通水为原材料,按专门设计的配合比,经搅拌、成型、养护而得到的复合材料。现代水泥混凝土中,为了调节和改善其工艺性能和力学性能,还加入各种化学外加剂和磨细矿质掺合料。

砂石在混凝土中起骨架作用,故也称骨料或集料。水泥和水组成水泥浆,包裹在砂石表面并填充砂石空隙,在拌和物中起润滑作用,赋予混凝土拌和物一定的流动性,使混凝土拌和物容易施工;在硬化过程中胶结砂、石,将骨料颗粒牢固地黏结成整体,使混凝土有一定的强度。混凝土的组成及各组分材料的绝对体积比见表1.1。

表 1.1 混凝土组成及各组分材料绝对体积比 %

组 成 成 分	水泥	水	砂	石	空气
占混凝土总体积的百分比	10～15	15～20	20～30	35～48	1～3
	25～35		55～78		1～3

1.2.1 水泥

1.2.1.1 水泥品种的正确选择

水泥是混凝土的胶结材料,混凝土的性能很大程度上取决于水泥的质量和数量,在保证混凝土性能的前提下,应尽量节约水泥,降低工程造价。根据工程特点、所处环境气候条件、工程竣工后可能遇到的环境因素以及设计、施工的要求进行分析,每一个工程所用水泥品种以1～2种水泥为宜,并应固定供应厂。

常用的水泥有:硅酸盐水泥、普通硅酸盐水泥、矿渣硅酸盐水泥、火山灰质硅酸盐水泥、粉煤灰硅酸盐水泥和复合硅酸盐水泥等。常用水泥的适用范围见表1.2。

1.2.1.2 水泥强度等级的正确选择

水泥的强度等级,应与混凝土设计强度等级相适应。用高强度等级的水泥配低强度等级混凝土时,水泥用量偏少,会影响和易性及强度,可掺适量混合材料(火山灰、粉煤灰、矿渣等)予以改善。反之,如水泥强度等级选用过低,则混凝土中水泥用量太多,非但不经济,而且降低混凝土的某些技术品质(如收缩率增大等)。

表 1.2 　　　　　　　　　　　　　常用水泥的适用范围

序号	水泥名称	水泥代号	水泥标准编号	特性	基本用途	可用范围	不适用范围	使用注意事项
1	硅酸盐水泥	P·Ⅰ P·Ⅱ	GB 175—1999	早期强度及后期强度都较高，在低温下强度增长比其他种类的水泥快，抗冻、耐磨性都好，但水化热较高，抗腐蚀性较差	混凝土、钢筋混凝土和预应力混凝土的地上、地下和水中结构	严寒地区反复遭受冻融作用的混凝土，抗炭化要求高的混凝土	受侵蚀水（海水、矿物水、工业废水等）及压力水作用的结构	使用加气剂可提高抗冻能力
2	普通硅酸盐水泥	P·O	GB 175—1999	除早期强度比硅酸盐水泥稍低，其他性能接近硅酸盐水泥				
3	矿渣硅酸盐水泥	P·S	GB 1344—1999	早期强度较低，在低温环境中强度增长较慢，但后期强度增长较快，水化热较低，抗硫酸盐侵蚀性较好，耐热性较好，低干缩变形大，析水性较大，耐磨性较差	混凝土和钢筋混凝土的地上、地下和水中的结构以及抗硫酸盐侵蚀的结构	大体积混凝土，耐腐蚀性要求较高的混凝土工程	需早期发挥强度的结构	加强洒水养护，冬期施工注意保温
4	火山灰质硅酸盐水泥	P·P	GB 1344—1999	早期强度较低，在低温环境中强度增长较慢，在高温潮湿环境中（如蒸汽养护）强度增长较快，水化热较低，抗硫酸盐侵蚀性较好，但干缩变形大，析水性较大，耐磨性较差		高湿条件下的地上一般建筑	受反复冻融及干湿循环作用的结构；干燥环境中的结构	加强洒水养护，冬期施工注意保温
5	粉煤灰硅酸盐水泥	P·F	GB 1344—1999	早期强度较低，水化热比火山灰水泥还低，和易性好，抗腐蚀性好，干缩性也较小，但抗冻、耐磨性较差	抗硫酸盐侵蚀的混凝土结构；大体积水工混凝土	有抗裂要求、耐腐蚀要求较高的混凝土工程	需早期发挥强度的结构	加强洒水养护，冬期施工注意保温

　　一般情况下（C30 以下），水泥强度为混凝土强度的 1.5～2.0 倍较为合适（高强度混凝土可取 0.9～1.5 倍）。若采用某些措施（如掺减水剂和掺合材料），情况则大不相同，用 42.5 级的水泥也能配制 C60～C80 的混凝土，其规律主要受水灰比控制。

1.2.1.3　水泥用量的确定

　　为保证混凝土的耐久性，水泥用量应满足有关技术标准规定的最小和最大水泥用量的要求。如果水泥用量少于规定的最小水泥用量，则取规定的最小水泥用量值；如果水泥用量大于规定的最大的水泥用量，应选择更高强度等级的水泥或采用其他措施使水泥用量满足规定要求。水泥的具体用量由混凝土的配合比设计确定。

1.2.2　轻骨料——砂

　　在混凝土中粗、细骨料的总体积占混凝土体积的 70%～80%。因此混凝土选用骨料的性能对于所配制的混凝土的性能有很大的影响。骨料按粒径大小分为细骨料和粗骨料，

粒径在 $150\mu m \sim 4.75mm$ 之间的骨料称为细骨料，粒径大于 $4.75mm$ 的骨料称为粗骨料。根据骨料的密度的大小，骨料又可分为普通骨料、轻骨料及重骨料。

1.2.2.1 砂的质量要求

水工混凝土用砂要求砂粒的质地坚实、清洁、有害杂质含量要少。

砂按来源可分为天然砂和人工砂，天然砂可分为海砂、河砂和山砂，其中海砂和河砂颗粒圆滑、质地坚硬，但海砂中常夹杂贝壳碎片及可溶性盐类，会影响混凝土的强度。山砂是由岩石风化后在原地沉积形成，颗粒棱角较多坚固性差，并含有黏土及有机杂质等。河砂相对比较洁净，所以配制混凝土应优选河砂。

人工砂是经岩石轧碎、筛选而成的，多棱角且成本高，在天然砂缺乏时，也可考虑用人工砂。另外，砂按技术要求可分为Ⅰ类、Ⅱ类、Ⅲ类砂。

（1）密度和空隙率要求。砂的密度 ρ_s 一般为 $2.5 \sim 2.7g/cm^3$；堆积密度一般为 $1400 \sim 1700kg/m^3$；空隙率一般为 $35\% \sim 45\%$。

（2）含泥量、泥块含量和石粉含量。含泥量是指砂中粒径小于 $75\mu m$ 的岩屑、淤泥和黏土颗粒总含量的百分数。泥块含量是颗粒粒径大于 $1.18mm$，水浸碾压后可成为小于 $600\mu m$ 块状黏土在淤泥颗粒的含量。石粉含量是人工砂生产过程中不可避免的粒径小于 $75\mu m$ 的颗粒的含量，粉料径虽小，但与天然砂中的泥成分不同，粒径分布（$40 \sim 75\mu m$）也不同，含量要求应符合表 1.3。

表 1.3 　　　　　　　　　砂含泥量、泥块含量和石粉含量限定表

项　目		指　标	
		天然砂	人工砂
石粉含量/%		—	6～18
含泥量/%	≥C₉₀30 和抗冻要求的	≤3	
	<C₉₀30	≤5	
泥块含量		不允许	不允许

（3）有害杂质含量。砂在生产过程中，由于环境的影响和作用，常混有对混凝土性质有害的物质，主要有黏土、淤泥、黑云母、轻物质、有机质、硫化物和硫酸盐、氯盐等。云母为光滑的小薄片，与水泥的黏结性差，影响混凝土的强度和耐久性；硫化物和硫酸盐对水泥有腐蚀作用等。砂中有害杂质含量限制表见表 1.4。

表 1.4 　　　　　　　　　砂中有害杂质含量限制表　　　　　　　　　　　%

项　目			指　标		
			Ⅰ类	Ⅱ类	Ⅲ类
亚甲蓝试验	MB 值<1.40 或合格	石粉含量（按质量计）	<3.0	<5.0	<7.0
		泥块含量（按质量计）	0	<1.0	<2.0
	MB 值>1.40 或不合格	石粉含量（按质量计）	<1.0	<3.0	<5.0
		泥块含量（按质量计）	0	<1.0	<2.0
云母（按质量计）			<1.0	<2.0	<2.0

续表

项　　目	指标		
	Ⅰ类	Ⅱ类	Ⅲ类
轻物质（按质量计）	<1.0	<1.0	<1.0
有机物（比色法）	合格	合格	合格
硫化物和核酸盐（按 SO₃ 质量计）	<0.5	<0.5	<0.5
氯化物（按氯离子质量计）	<0.01	<0.5	<0.06
含泥量（按质量计）	<1.0	<0.02	<5.0
泥块含量（按质量计）	0	<1.0	<2.0

（4）坚固性。天然砂的坚固性采用硫酸钠溶液法进行试验检测，砂样经 5 次循环后砂样被破坏的百分数作为砂的坚固性系数，如表 1.5 规定；人工砂采用压碎指标法进行试验检测。

表 1.5　　　　　　　　　　　天然砂及人工砂的坚固性　　　　　　　　　　　　　　%

项　　目		指　　标	
		天然砂	人工砂
坚固性	有抗冻要求的混凝土	≤8	≤8
	无抗冻要求的混凝土	≤10	≤10

1.2.2.2　砂的粗细程度和颗粒级配

（1）砂的粗细程度。砂的粗细程度，是指不同粒径砂粒混合在一起的平均粗细程度。砂子通常分为粗砂、中砂、细砂 3 种规格。在混凝土各种材料用量相同的情况下，若砂过粗，砂颗粒的表面积较小，混凝土的黏聚性、保水性较差；若砂过细，砂子颗粒表面积过大，虽黏聚性、保水性好，但因砂的表面积大，需较多水泥浆来包裹砂粒表面，当水泥浆用量一定时，富裕的用于润滑的水泥浆较少，混凝土拌和物的流动性差，甚至还会影响混凝土的强度。所以，拌混凝土用的砂，不宜过粗，也不宜过细。颗粒大小均匀的砂是级配不良的砂。

砂粗细程度由砂的筛分试验来进行测定，并计算砂的细度模数。砂按细度模数大小分为粗砂、中砂、细砂 3 种规格，细度模数越大，砂越粗，反之越细。普通混凝土用砂的细度模数在 1.6～3.7 之间。当细度模数在 3.1～3.7 时为粗砂；在 2.3～3.0 时为中砂；在 1.6～2.2 时为细砂。水工混凝土在可能的情况下应选用粗砂或中砂，以节约水泥。

（2）砂的颗粒级配。砂的颗粒级配是指不同粒径的颗粒互相搭配及组合的情况。级配良好的砂，其大小颗粒的含量适当，一般有较多的粗颗粒，并且适当数量的中等颗粒及少量的细颗粒填充其空隙，砂的总表面积及空隙率均较小。使用级配良好的砂，填充空隙用的水泥浆较少，不仅可以节省水泥，而且混凝土的和易性好，强度耐久性也较高。砂的颗粒级配也可由砂的筛分试验来进行测定，并用级配曲线来表示。

1.2.3　粗骨料——石子

粗骨料是指粒径大于 4.75mm 的岩石颗粒。常用的粗骨料有卵石（砾石）和碎石。

由人工破碎而成的石子称为碎石，或人工石子；由天然形成的石子称为卵石。卵石按其产源特点，也可分为河卵石、海卵石和山卵石。其各自的特点与相应的天然砂类似，各有其优缺点。通常，卵石的用量很大，故应按就地取材的原则给予选用。卵石的表面光滑，混凝土拌和物比碎石流动性要好，但与水泥砂浆黏结力差，故强度较低。

卵石和碎石按技术要求分为Ⅰ类、Ⅱ类、Ⅲ类三个等级。Ⅰ类用于强度等级大于C60的混凝土；Ⅱ类用于强度等级C30～C60及抗冻、抗渗或有其他要求的混凝土；Ⅲ类适用于强度等级小于C30的混凝土。

1.2.3.1 石子的质量要求

（1）密度和空隙率要求。石子的密度 ρ_s 一般为 2.5～2.7g/cm³；堆积密度一般为 1400～1700kg/m³；空隙率一般为 35%～45%。

（2）含泥量、泥块含量、有害杂质含量及坚固性系数见表1.6。

表 1.6　　　　　　　　　　　　　　粗骨料的质量要求限定表

项　　目		指标	备　　注
含泥量 /%	D20、D40 粒径级	≤1	—
	D80、D150（D120）	≤0.5	—
泥块含量		不允许	—
坚固性 /%	有抗冻要求的混凝土	≤5	
	无抗冻要求的混凝土	≤12	
硫化物及硫酸盐含量/%		≤0.5	折算成 SO₃，按质量计
有机质含量/%		浅于标准色	如深于标准色，应进行混凝土强度对比试验，抗压强度比不应低于 0.95
吸水率/%		≤2.5	
针片状颗粒含量/%		≤15	经试验论证，可放宽至 25%

1.2.3.2 最大粒径及颗粒级配

与细骨料相同，混凝土对粗骨料的基本要求也是颗粒的总表面积要小和颗粒大小搭配要合理，以达到节约水泥和逐级填充而形成最大的密实度的要求。

（1）最大粒径。粗骨料公称粒径的上限称为该粒级的最大粒径。如公称粒级 5～20mm 的石子，其最大粒径即 20mm。最大粒径反映了粗骨料的平均粗细程度。拌和混凝土中骨料的最大粒径加大，总表面减小，单位用水量相应减少。在用水量和水灰比固定不变的情况下，最大粒径加大，骨料表面包裹的水泥浆层加厚，混凝土拌和物可获较高的流动性。若在工作性一定的前提下，可减小水灰比，使强度和耐久性提高。通常加大粒径可获得节约水泥的效果。但最大粒径过大（大于 150mm）时，不但节约水泥的效率不再明显，而且会降低混凝土的抗拉强度，会对施工质量，甚至对搅拌机械造成一定的损害。

根据规定，混凝土用的粗骨料，其最大粒径不得超过构件截面最小尺寸的 1/4，且不得超过钢筋最小净间距的 3/4。对混凝土的实心板，骨料的最大粒径不宜超过板厚的 1/3，且不得超过 40mm。

（2）颗粒级配。粗骨料与细骨料一样，也要有良好的颗粒级配，以减小空隙率，增强密实性，从而节约水泥，保证混凝土的和易性及强度。特别是配制高强度混凝土，粗骨料级配特别重要。粗骨料的颗粒级配也是通过筛分实验来确定的。

粗骨料的颗粒级配按供应情况分为连续粒级和单粒粒级。按实际使用情况分为连续级配和间断级配两种。连续级配是石子的粒径从大到小连续分级，每一级都占适当的比例。连续级配的颗粒大小搭配连续合理（最小粒径为 4.75mm 起），颗粒上下限粒径之比接近 2，用其配制的混凝土拌和物工作性好，不易发生离析，在工程中应用较多。但其缺点是，当最大粒径较大（大于 37.5mm）时，天然形成的连续级配往往与理论最佳值有偏差，且在运输、堆放过程中易发生离析，影响到级配的均匀合理性。实际应用时，除直接采用级配理想的天然连续级配外，常采用预先分级筛分形成的单粒粒级进行掺配组合成人工连续级配。

间断级配是石子粒级不连续，人为剔去某些中间粒级的颗粒而形成的级配方式。间断级配更有效降低石子颗粒间的空隙率，使水泥达到最大限度地节约，但由于粒径相差较大，故混凝土拌和物易发生离析，间断级配需按设计进行掺配。

1.2.4 水

混凝土拌和用水按水源分为饮用水、地表水、地下水、再生水、混凝土企业设备洗刷水和海水。拌制宜采用饮用水。对混凝土拌和用水的质量要求是所含物不得：

（1）影响混凝土的工作性及凝结。

（2）有碍于混凝土强度发展。

（3）降低混凝土的耐久性，加快钢筋腐蚀及导致预应力钢筋脆断。

（4）污染混凝土表面。

根据以上要求，符合国家标准的生活用水（自来水、河水、江水、湖水）可直接拌制各种混凝土。混凝土拌和用水水质要求应符合表 1.7 的规定。

表 1.7　　　　　　　　　混凝土拌和用水水质要求　　　　　　　　　单位：mg/L

项　　目	预应力混凝土	钢筋混凝土	素混凝土
pH 值	≥5.0	≥4.5	≥4.5
不溶物	≤2000	≤2000	≤5000
可溶物	≤2000	≤5000	≤10000
氯化物（以 Cl 计）	≤500	≤1000	≤3500
硫化物（以 SO_4^{2-} 计）	≤600	≤2000	≤2700
碱含量	≤1500	≤1500	≤1500

1.2.5 掺合料

矿物掺合料是混凝土的主要组成材料，它起着根本改变传统混凝土性能的作用。不同的矿物掺合料对改善混凝土的物理、力学性能与耐久性具有不同的效果，应根据混凝土的设计要求与结构的工作环境加以选择。

常用的矿物掺合料品种有粉煤灰、凝灰岩粉、矿渣微粉、硅粉、粒化电炉磷渣、氧化镁等。掺用的品种和掺量应根据工程的技术要求、掺合料品质和资源条件，通过试验论证确定。掺合料应储存在专用仓库或储罐内，在运输和储存过程中应注意防潮，不得混入杂物，并应有防尘措施。

1.2.6　外加剂

在水工混凝土拌制过程中，常加入掺量不大于水泥质量的 5%（特殊情况下除外），并能对混凝土正常性能按要求加以改善的化学外加剂。常用的外加剂有：普通减水剂、高效减水剂、缓凝高效减水剂、缓凝减水剂、引气减水剂、缓凝剂、高温缓凝剂、引气剂、泵送剂等。根据特殊需要，也可掺用其他性质的外加剂。外加剂品质必须符合现行的国家和有关行业标准。

外加剂选择应根据混凝土性能要求、施工需要，并结合工程选定的混凝土原材料进行适应性试验，经可靠性论证和技术经济比较后，选择合适的外加剂种类和掺量。外加剂应配成水溶液使用。配制溶液时应称量准确，并搅拌均匀。根据工程需要，外加剂可复合使用，但必须通过试验论证。有要求时，应分别配制使用。

1.3　混　凝　土　基　本　性　质

1.3.1　新拌混凝土的性质

1.3.1.1　和易性

（1）和易性的概念。新拌混凝土的和易性，也称工作性，是指拌和物易于搅拌、运输、浇捣成型，并获得质量均匀密实的混凝土的一项综合技术性能。通常用流动性、黏聚性和保水性三项内容表示。流动性是指拌和物在自重或外力作用下产生流动的难易程度；黏聚性是指拌和物各组成材料之间不产生分层离析现象；保水性是指拌和物不产生严重的泌水现象。

通常情况下，混凝土拌和物的流动性越大，则保水性和黏聚性越差，反之亦然，相互之间存在一定矛盾。和易性良好的混凝土是指既具有满足施工要求的流动性，又具有良好的黏聚性和保水性。因此，不能简单地将流动性大的混凝土称之为和易性好，或者流动性减小说成和易性变差。良好的和易性既是施工的要求也是获得质量均匀密实混凝土的基本保证。

（2）和易性的测试和评定。混凝土拌和物和易性是一项极其复杂的综合指标，到目前为止全世界尚无能够全面反映混凝土和易性的测定方法，通常通过测定流动性，再辅以其他直观观察或经验综合评定混凝土和易性。流动性的测定方法有坍落度法、维勃稠度法、探针法、斜槽法、流出时间法和凯利球法等十多种，对普通混凝土而言，最常用的是坍落度法和维勃稠度法。坍落度法适用于塑性和流动性混凝土拌和物，维勃稠度法适用于坍落度小于 10mm 的干硬性混凝土拌和物。

1）坍落度法。坍落度是一定形状的新拌混凝土拌和物在自重作用下的下沉量。

将搅拌好的混凝土分三层装入坍落度筒中，每层插捣 25 次，抹平后垂直提起坍落度筒，混凝土则在自重作用下坍落，以坍落高度（单位 mm）代表混凝土的流动性。坍落度越大，则流动性越好。

根据坍落度值大小将混凝土分为四类：

a. 大流动性混凝土：坍落度不小于 160mm。

b. 流动性混凝土：坍落度 100～150mm。

c. 塑性混凝土：坍落度 10～90mm。

d. 干硬性混凝土：坍落度小于 10mm。

2）维勃稠度法。维勃稠度法是在维勃稠度仪振动台上的坍落度筒内填充混凝土拌和物，然后提起坍落筒，同时对混凝土施加振动外力，测试混凝土在外力作用下完全填满面板所需时间，即维勃稠度，单位为秒（s），代表测定混凝土的流动性。时间越短，流动性越好；时间越长，流动性越差。

3）坍落度的选择原则。一般情况下，水工混凝土坍落度可按表 1.8 选用。

表 1.8　　　　　　　　　　　　不同浇筑位置处混凝土的坍落度　　　　　　　　　　单位：mm

序号	构 件 种 类	坍落度
1	素混凝土	10～40
2	配筋率不超过 1% 的钢筋混凝土	30～60
3	配筋率超过 1% 的钢筋混凝土	50～90
4	泵送混凝土	140～220

注　在有温度控制要求或高、低温季节浇筑混凝土时，其坍落度可根据实际情况的量增减。

实际施工时采用的坍落度大小根据下列条件选择：

a. 构件截面尺寸大小：截面尺寸大，易于振捣成型，坍落度适当选小些，反之亦然。

b. 钢筋疏密：钢筋较密，则坍落度选大些，反之亦然。

c. 捣实方式：人工捣实，则坍落度选大些，机械振捣则选小些。

d. 运输距离：从搅拌机出口至浇捣现场运输距离较远时，应考虑途中坍落度损失，坍落度宜适当选大些，特别是商品混凝土。

e. 气候条件：气温高、空气相对湿度小时，因水泥水化速度加快及水分挥发加速，坍落度损失大，坍落度宜选大些，反之亦然。

（3）影响和易性的主要因素。

1）单位用水量。单位用水量是混凝土流动性的决定因素。用水量增大，流动性随之增大。但用水量大带来的不利影响是保水性和黏聚性变差，易产生泌水分层离析，从而影响混凝土的匀质性、强度和耐久性。大量的实验研究证明在原材料品质一定的条件下，单位用水量一旦选定，单位水泥用量增减 $50～100kg/m^3$，混凝土的流动性基本保持不变，这一规律称为固定用水量定则。这一定则对普通混凝土的配合比设计带来极大便利，即可通过固定用水量保证混凝土坍落度的同时，调整水泥用量，即调整水灰比，来满足强度和耐久性要求。在进行混凝土配合比设计时，单位用水量可根据施工要求的坍落度和粗骨料的种类、规格，根据《普通混凝土配合比设计规程》（JGJ 55—2011）按表 1.9 选用，再通过试配调整，最终确定单位用水量。

表 1.9　　　　　　　　　　　　混凝土单位用水量选用表　　　　　　　　　　　单位：kg

序号	项目	指标	卵石最大粒径/mm				碎石最大粒径/mm			
			10	20	31.5	40	16	20	31.5	40
1	坍落度/mm	10～30	190	170	160	150	200	185	175	165
		35～50	200	180	170	160	210	195	185	175
		55～70	210	190	180	170	220	205	195	185
		75～90	215	195	185	175	230	215	205	195
2	维勃稠度/s	16～20	175	160		145	180	170	—	155
		11～15	180	165		150	185	175		160
		5～10	185	170		155	190	180		165

注　1. 本表用水量系采用中砂时的平均取值，如采用细砂，每立方米混凝土用水量可增加 5～10kg，采用粗砂时则可减少 5～10kg。

　　2. 掺用各种外加剂或掺合料时，可相应增减用水量。

　　3. 本表不适用于水灰比小于 0.4 时的混凝土以及采用特殊成型工艺的混凝土。

2）浆骨比。浆骨比指水泥浆用量与砂石用量之比。在混凝土凝结硬化之前，水泥浆主要赋予流动性；在混凝土凝结硬化以后，主要赋予黏结强度。在水灰比一定的前提下，浆骨比越大，即水泥浆量越大，混凝土流动性越大。通过调整浆骨比大小，既可以满足流动性要求，又能保证良好的黏聚性和保水性。浆骨比不宜太大，否则易产生流浆现象，使黏聚性下降。浆骨比也不宜太小，否则因骨料间缺少黏结体，拌和物易发生崩塌现象。因此，合理的浆骨比是混凝土拌和物和易性的良好保证。

3）水灰比。水灰比即水用量与水泥用量之比。在水泥用量和骨料用量不变的情况下，水灰比增大，相当于单位用水量增大，水泥浆很稀，拌和物流动性也随之增大，反之亦然。用水量增大带来的负面影响是严重降低混凝土的保水性，增大泌水，同时使黏聚性也下降。但水灰比也不宜太小，否则因流动性过低影响混凝土振捣密实，易产生麻面和空洞。合理的水灰比是混凝土拌和物流动性、保水性和黏聚性的良好保证。

4）砂率。砂率是指砂子占砂石总重量的百分率，用 S_v 表示，即：

$$S_v = \frac{m_s}{m_s + m_g} \times 100\% \tag{1.1}$$

式中　S_v——砂率；

　　　m_s——砂子用量，kg；

　　　m_g——石子用量，kg。

砂率对和易性的影响：

a. 对流动性的影响。一方面，在水泥用量和水灰比一定的条件下，由于砂子与水泥浆组成的砂浆在粗骨料间起到润滑和辊珠作用，可以减小粗骨料间的摩擦力，所以在一定范围内，随砂率增大，混凝土流动性增大。另一方面，由于砂子的比表面积比粗骨料大，随着砂率增加，粗细骨料的总表面积增大，在水泥浆用量一定的条件下，骨料表面包裹的浆量减薄，润滑作用下降，使混凝土流动性降低。所以砂率超过一定范围，流动性随砂率增加而下降。

b. 对黏聚性和保水性的影响。砂率减小，混凝土的黏聚性和保水性均下降，易产生泌水、离析和流浆现象。砂率增大，黏聚性和保水性增加。但砂率过大，当水泥浆不足以包裹骨料表面时，黏聚性反而下降。

　　c. 合理砂率的确定。合理砂率是指砂子填满石子空隙并有一定的富余量，能在石子间形成一定厚度的砂浆层，以减少粗骨料间的摩擦阻力，使混凝土流动性达最大值。或者在保持流动性不变的情况下，使水泥浆用量达最小值。合理砂率的确定可根据上述两原则通过试验确定。在大型混凝土工程中经常采用。对普通混凝土工程可根据经验或根据JGJ 55—2011参照表1.10确定。

表 1.10　　　　　　　　　　　　　混 凝 土 砂 率 选 用 表

水灰比（W/C）	卵石最大粒径			碎石最大粒径		
	10mm	20mm	40mm	16mm	20mm	40mm
0.40	26%～32%	25%～31%	24%～30%	30%～35%	29%～34%	27%～32%

　　5）水泥品种及细度。水泥品种不同时，达到相同流动性的需水量往往不同，从而影响混凝土流动性。不同水泥品种对水的吸附作用往往不等，从而影响混凝土的保水性和黏聚性。如火山灰水泥、矿渣水泥配制的混凝土流动性比普通水泥小。在流动性相同的情况下，矿渣水泥的保水性能较差，黏聚性也较差。同品种水泥越细，流动性越差，但黏聚性和保水性越好。

　　6）骨料的品种和粗细程度。卵石表面光滑，碎石粗糙且多棱角，因此卵石配制的混凝土流动性较好，但黏聚性和保水性则相对较差。河砂与山砂的差异与上述相似。对级配符合要求的砂石料来说，粗骨料粒径越大，砂子的细度模数越大，则流动性越大，但黏聚性和保水性有所下降，特别是砂的粗细，在砂率不变的情况下，影响更加显著。

　　7）外加剂。改善混凝土和易性的外加剂主要有减水剂和引气剂。它们能使混凝土在不增加用水量的条件下增加流动性，并具有良好的黏聚性和保水性。

　　8）时间、气候条件。随着水泥水化和水分蒸发，混凝土的流动性将随着时间的延长而下降。气温高、湿度小、风速大将加速流动性的损失。

　　（4）混凝土和易性的调整和改善措施。

　　1）当混凝土流动性小于设计要求时，为了保证混凝土的强度和耐久性，不能单独加水，必须保持水灰比不变，增加水泥浆用量。但水泥浆用量过多，则混凝土成本提高，且将增大混凝土的收缩和水化热等。混凝土的黏聚性和保水性也可能下降。

　　2）当坍落度大于设计要求时，可在保持砂率不变的前提下，增加砂石用量。实际上相当于减少水泥浆数量。

　　3）改善骨料级配，既可增加混凝土流动性，也能改善黏聚性和保水性。但骨料占混凝土用量的75%左右，实际操作难度往往较大。

　　4）掺减水剂或引气剂，是改善混凝土和易性的最有效措施。

　　5）尽可能选用最优砂率。当黏聚性不足时可适当增大砂率。

1.3.1.2　凝结时间

　　混凝土的凝结时间与水泥的凝结时间有相似之处，但由于骨料的掺入，水灰比的变动及外加剂的应用，又存在一定的差异。水灰比增大，凝结时间延长；早强剂、速凝剂使凝结时间缩短；缓凝剂则使凝结时间大大延长。

初凝时间指混凝土加水拌和至水泥浆开始失去塑性所需的时间。终凝时间指混凝土加水至产生强度所经历的时间。水泥凝结时间在施工中有重要意义，初凝时间希望适当长，以便于施工操作；终凝与初凝的时间差则越短越好。硅酸盐水泥初凝时间不得早于45min，终凝时间不得迟于390min（4.5h）；普通硅酸盐水泥初凝时间不得早于45min，终凝时间不得迟于600min（10h）。水泥初凝时间不合要求，该水泥为废品；若终凝时间不合要求，则视为不合格品。

混凝土凝结时间的测定通常采用贯入阻力法。影响混凝土实际凝结时间的因素主要有水灰比、水泥品种、水泥细度、外加剂、掺合料和气候条件等。

1.3.2 硬化混凝土的性质

1.3.2.1 强度

强度是硬化混凝土最重要的性质，混凝土的其他性能与强度均有密切关系，混凝土的强度也是配合比设计、施工控制和质量检验评定的主要技术指标。混凝土的强度主要有抗压强度、抗折强度、抗拉强度和抗剪强度等。其中抗压强度值最大，也是最主要的强度指标。

（1）混凝土的立方体抗压强度和强度等级。根据我国《普通混凝土力学性能试验方法标准》（GB/T 50081—2002）规定，立方体抗压强度试件的标准尺寸为 150mm×150mm×150mm，标准养护条件为温度（20±3）℃，相对湿度 90% 以上，标准龄期为28d，用标准方法测得的具有 95% 保证率的抗压强度值称为混凝土立方体抗压强度标准值，以 $f_{cu,k}$ 表示，单位 MPa。

根据《混凝土质量控制标准》（GB 50164—2011）的规定，强度等级采用符号 C 和相应的标准值表示，普通混凝土划分为 C7.5、C10、C15、C20、C25、C30、C35、C40、C45、C50、C55、C60 共 12 个强度等级。混凝土强度等级的划分主要是为了方便设计、施工验收等。强度等级的选择主要根据建筑物的重要性、结构部位和荷载情况确定。

（2）抗拉强度。混凝土的抗拉强度很小，只有抗压强度的 1/20～1/10。为此，在钢筋混凝土结构设计中，一般不考虑承受拉力，而是通过配置钢筋，由钢筋来承担结构的拉力。但抗拉强度对混凝土的抗裂性具有重要作用，它是结构设计中裂缝宽度和裂缝间距计算控制的主要指标，也是抵抗由于收缩和温度变形而导致开裂的主要指标。

（3）影响混凝土强度的主要因素。影响混凝土强度的因素很多，从内因来说主要有水泥强度、水灰比和骨料质量；从外因来说，则主要有施工条件、养护温度、湿度、龄期、试验条件和外加剂等。分析影响混凝土强度各因素的目的，在于可根据工程实际情况，采取相应技术措施，提高混凝土的强度。

1）水泥强度和水灰比。混凝土的强度主要来自水泥石以及与骨料之间的黏结强度。水泥强度越高，则水泥石自身强度及与骨料的黏结强度就越高，混凝土强度也越高，试验证明，混凝土与水泥强度成正比关系。

一方面，水泥完全水化的理论需水量约为水泥重的 23% 左右，但实际拌制混凝土时，为获得良好的和易性，水灰比大约在 0.40~0.65，多余水分蒸发后，在混凝土内部留下孔隙，且水灰比越大，留下的孔隙越大，使有效承压面积减少，混凝土强度也就越小。另一方面，多余水分在混凝土内的迁移过程中遇到粗骨料时，由于受到粗骨料的阻碍，水分往往在其底部积聚，形成水泡，极大地削弱砂浆与骨料的黏结强度，使混凝土强度下降。因此，在水泥强度和其他条件相同的情况下，水灰比越小，混凝土强度越高，水灰比越大，混凝土强度越低。但水灰比太小，混凝土过于干稠，使得不能保证振捣均匀密实，强度反而降低。

水泥的实际强度根据水泥胶砂强度试验方法测定。在进行混凝土配合比设计和实际施工中，需要事先确定水泥强度。当无条件时，可根据我国水泥生产标准及各地区实际情况，水泥实际强度以水泥强度等级乘以富余系数确定。

2）骨料的品质。骨料中的有害物质含量高，则混凝土强度低，骨料自身强度不足，也可能降低混凝土强度。在配制高强混凝土时尤为突出。

骨料的颗粒形状和表面粗糙度对强度影响较为显著，如碎石表面较粗糙，多棱角，与水泥砂浆的机械啮合力（即黏结强度）提高，混凝土强度较高。相反，卵石表面光洁，强度也较低，这一点在混凝土强度公式中的骨料系数已有所反映。但若保持流动性相等，水泥用量相等时，由于卵石混凝土可比碎石混凝土适当少用部分水，即水灰比略小，此时，两者强度相差不大。砂的作用效果与粗骨料类似。

3）施工条件。施工条件主要指搅拌和振捣成型。一般来说机械搅拌比人工搅拌均匀，因此强度也相对较高；搅拌时间越长，混凝土强度越高，但考虑到能耗、施工进度等，一般要求控制在 2~3min；投料方式对强度也有一定影响，如先投入粗骨料、水泥和适量水搅拌一定时间，再加入砂和其余水，能比一次全部投料搅拌提高强度 10% 左右。

4）养护条件。混凝土强度是一个渐进发展的过程，其发展的程度和速度取决于水泥的水化状况，而温度和湿度是影响水泥水化速度和程度的重要因素。因此，混凝土浇捣成型后，必须在一定时间内保持适当的温度和足够的湿度，以使水泥充分水化。

a. 养护环境温度。当养护环境温度较高时，水泥水化速度加快，混凝土强度发展也快，早期强度高；反之亦然。但是，当养护温度超过 40℃ 时，虽然能提高混凝土的早期强度，但 28d 以后的强度通常比 20℃ 标准养护的低。若温度在冰点以下，不但水泥水化停止，而且有可能因冰冻导致混凝土结构疏松，强度严重降低，尤其是早期混凝土应特别加强防冻措施。

b. 湿度。湿度通常指的是空气相对湿度。一方面，相对湿度低，空气干燥，混凝土中的水分挥发加快，致使混凝土缺水而停止水化，混凝土强度发展受阻。另一方面，混凝土在强度较低时失水过快，极易引起干缩，影响混凝土耐久性。因此，应特别加强混凝土早期的浇水养护，确保混凝土内部有足够的水分使水泥充分水化。

5）龄期。龄期是指混凝土在正常养护下所经历的时间。随养护龄期增长，水泥水化程度提高，凝胶体增多，自由水和孔隙率减少，密实度提高，混凝土强度也随之提高。最初的 7d 内强度增长较快，而后增幅减少，28d 以后，强度增长更趋缓慢，但如果养护条件得当，则在数十年内仍将有所增长。

6）外加剂。在混凝土中掺入减水剂，可在保证相同流动性的前提下，减少用水量，降低水灰比，从而提高混凝土的强度。掺入早强剂，则可有效加速水泥水化速度，提高混凝土早期强度，但对 28d 强度不一定有利，后期强度还有可能下降。

1.3.2.2 混凝土的耐久性

混凝土的耐久性是指在外部和内部不利因素的长期作用下，保持其原有设计性能和使用功能的性质。耐久性是混凝土结构经久耐用的重要指标。影响混凝土耐久性的外部因素指的是酸、碱、盐的腐蚀作用，冰冻破坏作用，水压渗透作用，碳化作用，干湿循环引起的风化作用，荷载应力作用和振动冲击作用等。内部因素主要指的是碱骨料反应和自身体积变化。通常用混凝土的抗渗性、抗冻性、抗碳化性能、抗冲耐磨性与碱骨料反应综合评价混凝土的耐久性。

《混凝土结构设计规范》（GB 50010—2010）对混凝土结构耐久性作了明确界定，共分为五大环境类别，见表 1.11。其中一类、二类和三类环境中，设计使用年限为 50 年的结构混凝土应符合表 1.12 的规定。

表 1.11   混凝土结构的环境类别

环境类别		条　件
一		室内正常环境
二	a	室内潮湿环境；非严寒和非寒冷地区的露天环境；与无侵蚀性的水或土壤直接接触的环境
	b	严寒和寒冷地区的露天环境；与无侵蚀性的水或土壤直接接触的环境
三		使用冰盐的环境；严寒和寒冷地区冬季水位变动的环境；滨海室外环境
四		海水环境
五		受人为或自然的侵蚀性物质影响的环境

表 1.12   结构混凝土耐久性的基本要求

环境类别		最大水灰比	最小水泥用量 /(kg/m³)	最低混凝土 强度等级	最大氯离子 含量/%	最大碱含量 /(kg/m³)
一		0.65	225	C20	1.0	不限制
二	a	0.60	250	C25	0.3	3.0
	b	0.55	275	C30	0.2	3.0
三		0.50	300	C30	0.1	3.0

注　1. 氯离子含量系指其占水泥用量的百分率。
　　2. 预应力构件混凝土中的最大氯离子含量为 0.06%，最小水泥用量为 300kg/m³；最低混凝土强度等级应按表中规定提高两个等级。
　　3. 素混凝土结构的最小水泥用量不应少于表中数值减 25kg/m³。
　　4. 当混凝土中加入活性掺合料或能提高耐久性的外加剂时，可适当降低最小水泥用量。
　　5. 当有可靠工程经验时，对处于一类和二类环境中的最低混凝土强度等级可降低一个等级。
　　6. 当使用非碱活性骨料时，对混凝土中的碱含量可不作限制。

（1）混凝土的抗渗性。混凝土的抗渗性是指混凝土抵抗压力液体（水、油、溶液等）渗透作用的能力。抗渗性是决定混凝土耐久性最主要的技术指标。因为混凝土抗渗性好，即混凝土密实性高，外界腐蚀介质不易侵入混凝土内部，从而抗腐蚀性能好。同样，水不易进入混凝土内部，冰冻破坏作用和风化作用就小。因此混凝土的抗渗性可以认为是混凝土耐久性指标的综合体现。

混凝土的抗渗性能用抗渗标号表示。抗渗标号是根据《普通混凝土长期性能和耐久性能试验方法标准》（GB/T 50082—2009）的规定，通过试验确定，分为 P4、P6、P8、P10 和 P12 共 5 个等级，分别表示混凝土能抵抗 0.4MPa、0.6MPa、0.8MPa、1.0MPa 和 1.2MPa 的水压力而不渗漏。

（2）混凝土的抗冻性。混凝土的抗冻性是指混凝土在吸水饱和状态下、能经受多次冻融循环而不破坏，同时也不严重降低强度的性能。

混凝土冻融破坏的机理，主要是内部毛细孔中的水结冰时产生 9% 左右的体积膨胀，在混凝土内部产生膨胀应力，当这种膨胀应力超过混凝土局部的抗拉强度时，就可能产生微细裂缝，在反复冻融作用下，混凝土内部的微细裂缝逐渐增多和扩大，最终导致混凝土强度下降，或混凝土表面（特别是棱角处）产生酥松剥落，直至完全破坏。

混凝土抗冻性以抗冻等级表示。抗冻标号的测定根据 GB/T 50082—2009 的规定进行。将吸水饱和的混凝土试件在 -15℃ 条件下冰冻 4h，再在 20℃ 水中融化 4h 作为一个循环，以抗压强度下降不超过 25%，质量损失不超过 5% 时，混凝土所能承受的最大冻融循环次数来表示。混凝土的抗冻标号分为 D10、D15、D25、D50、D100、D150、D200、D250 和 D300 共 9 个标号，其中的数字表示混凝土能经受的最大冻融循环次数。如 D200，即表示该混凝土能承受 200 次冻融循环，且强度损失小于 25%，质量损失小于 5%。

（3）混凝土的抗碳化性能。

1）混凝土碳化机理。混凝土碳化是指混凝土内水化产物 $Ca(OH)_2$ 与空气中的 CO_2 在一定湿度条件下发生化学反应，产生 $CaCO_3$ 和水的过程。反应式如下：

$$Ca(OH)_2 + CO_2 + H_2O = CaCO_3 + 2H_2O \tag{1.2}$$

碳化使混凝土的碱度下降，故也称混凝土中性化。碳化过程是由表及里逐步向混凝土内部发展的，碳化深度大致与碳化时间的平方根成正比。

2）碳化对混凝土性能的影响。碳化作用对混凝土的负面影响主要有两方面。一是碳化作用使混凝土的收缩增大，导致混凝土表面产生拉应力，从而降低混凝土的抗拉强度和抗折强度，严重时直接导致混凝土开裂。由于开裂降低了混凝土的抗渗性能，使得腐蚀介质更易进入混凝土内部，加速碳化作用，降低耐久性。二是碳化作用使混凝土的碱度降低，失去混凝土强碱环境对钢筋的保护作用，导致钢筋锈蚀膨胀，严重时，使混凝土保护层沿钢筋纵向开裂，直至剥落，进一步加速碳化和腐蚀，严重影响钢筋混凝土结构的力学性能和耐久性能。

（4）混凝土的碱-骨料反应。碱-骨料反应是指混凝土内水泥中所含的碱（K_2O 和 Na_2O），与骨料中的活性物质（SiO_2）发生化学反应，在骨料表面形成碱-硅酸凝胶，吸水后将产生 3 倍以上的体积膨胀，从而导致混凝土膨胀开裂而破坏。碱骨料反应引起的破坏，一般要经过若干年后才会发现，而一旦发生则很难修复，因此，对水泥中碱含量大于 0.6%，骨料中含有活性物质且在潮湿环境或水中使用的混凝土工程，必须加以重视。

（5）混凝土的抗冲耐磨性。混凝土的抗冲耐磨性是指混凝土抵抗高速含泥沙水流冲刷破坏的能力。水流冲刷、冲击和气蚀造成的破坏现象，在大坝溢流面、溢洪道、水工隧洞及高压引水道等部位经常产生。提高混凝土的抗冲耐磨性的措施，除改进混凝土本身的设计和施工质量外，设计工程结构合理的过水曲线至关重要。此外，还可在混凝土表面采用表面镶嵌花岗岩石板、抹环氧砂浆或使用浸渍混凝土等防护措施。

（6）提高混凝土耐久性的措施。虽然混凝土工程因所处环境和使用条件不同，要求有不同的耐久性，但就影响混凝土耐久性的因素来说，良好的混凝土密实度是关键，因此提高混凝土的耐久性可以从以下几方面进行：

1）控制混凝土最大水灰比和最小水泥用量。

2）合理选择水泥品种。

3）选用良好的骨料质量和级配。

4）加强施工质量控制。

5）采用适宜的外加剂及掺合料，如掺入粉煤灰、矿粉、硅灰或沸石粉等活性混合材料，掺硅灰或超细矿渣粉也是提高混凝土强度的有效措施。

1.3.2.3 混凝土的变形

混凝土在凝结硬化过程和凝结硬化以后，均将产生一定量的体积变形。主要包括非外力作用下的变形，如化学收缩变形、干缩湿胀变形、自收缩变形及温度变形等；外力作用下的变形有弹塑性变形和徐变变形等。

（1）非外力作用下的变形。

1）化学收缩变形。由于水泥水化产物的体积小于反应前水泥和水的总体积，从而使混凝土出现体积收缩。这种由水泥水化和凝结硬化而产生的自身体积减缩，称为化学收缩。其收缩值随混凝土龄期的增加而增大，大致与时间的对数成正比，亦即早期收缩大，后期收缩小。收缩量与水泥用量和水泥品种有关。水泥用量越大，化学收缩值越大。这一点在富水泥浆混凝土和高强混凝土中尤应引起重视。化学收缩是不可逆变形。

2）干缩湿胀变形。因混凝土内部水分蒸发引起的体积变形，称为干燥收缩。混凝土吸湿或吸水引起的膨胀，称为湿胀。在混凝土凝结硬化初期，如空气过于干燥或风速大、蒸发快，可导致混凝土塑性收缩裂缝。在混凝土凝结硬化以后，当收缩值过大，收缩应力超过混凝土极限抗拉强度时，可导致混凝土干缩裂缝。因此，混凝土的干燥收缩在实际工程中必须十分重视。

3）自收缩变形。混凝土的自收缩问题早在 20 世纪 40 年代被提出，由于自收缩在普通混凝土中占总收缩的比例较小，在过去的 60 多年中几乎被忽略不计。但随着低水胶比高强高性能混凝土的应用，混凝土的自收缩问题重新得以关注。自收缩和干缩产生机理在实质上可以认为是一致的，常温条件下主要由毛细孔失水，形成水凹液面而产生收缩应力。所不同的只是自收缩是因水泥水化导致混凝土内部缺水，外部水分未能及时补充而产生，这在低水胶比高强高性能混凝土中是极其普遍的。干缩则是混凝土内部水分向外部挥发而产生。研究结果表明，当混凝土的水胶比低于 0.3 时，自收缩值高达 $200 \times 10^{-6} \sim 400 \times 10^{-6}$ m/m。此外，胶凝材料的用量增加和硅灰、磨细矿粉的使用都将增加混凝土的自收缩值。

4）温度变形。混凝土的温度膨胀系数大约为 10×10^{-6} m/(m·℃)，即温度每升高或降低 1℃，长 1m 的混凝土将产生 0.01mm 的膨胀或收缩变形。混凝土的温度变形对大体积混凝土、纵长结构混凝土及大面积混凝土工程等极为不利，极易产生温度裂缝。如纵长

100m 的混凝土，温度升高或降低 30℃（冬夏季温差），则将产生 30mm 的膨胀或收缩，在完全约束条件下，混凝土内部将产生 7.5MPa 左右拉应力，足以导致混凝土开裂。故纵长结构或大面积混凝土均要设置伸缩缝、配制温度钢筋或掺入膨胀剂，防止混凝土开裂。

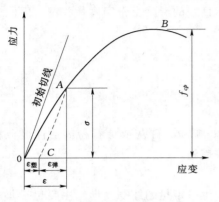

图 1.1　混凝土在荷载作用下
的应力-应变关系

（2）外力作用下的变形。

1）短期荷载作用下的变形——弹塑性变形。混凝土在外力作下的变形包括弹性变形和塑性变形两部分。塑性变形主要由水泥凝胶体的塑性流动和各组成间的滑移产生，所以混凝土是一种弹塑性材料，在短期荷载作用下，其应力-应变关系为一条曲线，如图 1.1 所示，图中 f_{cp} 为极限应力，ε 为总变形，$\varepsilon_{弹}$ 为弹性变形，$\varepsilon_{塑}$ 为塑性变形。

2）长期荷载作用下的变形——徐变变形。混凝土在一定的应力水平（如 50%～70% 的极限强度）下，保持荷载不变，随着时间的延续而增加的变形称为徐变变形，简称徐变。徐变产生的原因主要是凝胶体的黏性流动和滑移。加荷早期的徐变增加较快，后期减缓。混凝土的徐变一般可达 $300 \times 10^{-6} \sim 1500 \times 10^{-6}$ m/m。混凝土的徐变在不同结构物中有不同的作用。对普通钢筋混凝土构件，能消除混凝土内部温度应力和收缩应力，减弱混凝土的开裂现象。对预应力混凝土结构，混凝土的徐变使预应力损失大大增加，这是极其不利的。因此预应力结构一般采用较高的混凝土强度等级以减小徐变及预应力损失。

1.4　混 凝 土 配 合 比 设 计

混凝土配合比是指单位体积的混凝土中各组成材料的质量比例。确定这种数量比例关系的工作称为混凝土配合比设计。混凝土配合比设计必须达到以下四项基本要求：

（1）满足结构设计的强度等级要求。

（2）满足混凝土施工所要求的和易性。

（3）满足工程所处环境对混凝土耐久性的要求。

（4）符合经济原则，即节约水泥以降低混凝土成本。

混凝土的配合比设计是一个计算、试配、调整的复杂过程，大致可分为初步计算配合比、基准配合比、实验室配合比、施工配合比设计四个设计阶段。首先按照已选择的原材料性能及对混凝土的技术要求进行初步计算，得出初步计算配合比。基准配合比是在初步计算配合比的基础上，通过试配、检测、进行工作性的调整、修正得到；实验室配合比是通过对水灰比的微量调整，在满足设计强度的前提下，进一步调整配合比以确定水泥用量最小的方案；而施工配合比是考虑砂、石的实际含水率对配合比的影响，对配合比做最后的修正，是实际应用的配合比，配合比设计的过程是逐一满足混凝土的强度、工作性、耐久性、节约水泥等要求的过程。

1.4.1 计算配合比

普通混凝土配合比计算步骤如下：

（1）计算出要求的混凝土试配强度 $f_{cu,0}$。

（2）计算混凝土配合比三参数：水灰比、合理的砂率值及每立方米混凝土的用水量，进而可以确定每立方米混凝土的水泥用量。

（3）计算粗、细骨料的用量。

（4）根据之间确定的每立方米混凝土各组成材料用量，提出供试配用的混凝土计算配合比。

1.4.1.1 确定混凝土配制强度 $f_{cu,0}$

混凝土配制强度按式（1.3）计算：

$$f_{cu,0} = f_{cu,k} + 1.645\sigma \tag{1.3}$$

式中　$f_{cu,0}$——混凝土的配制强度，MPa；

　　　$f_{cu,k}$——混凝土设计龄期的强度标准值，MPa；

　　1.645——概率度系数，依据保证率 $P=95\%$ 时选定；

　　　σ——混凝土强度标准差，MPa，按表1.13规定确定。

表 1.13　　标准差 σ 值　　单位：MPa

设计龄期混凝土抗压强度标准值	≤C15	C20～C25	C30～C35	C40～C45	≥C50
σ	3.5	4.0	4.5	5.0	5.5

1.4.1.2 确定混凝土配合比三个参数

水灰比、单位用水量和砂率是混凝土配合比设计的三个基本参数。混凝土配合比设计中确定三个参数的原则是：①在满足混凝土强度和耐久性的基础上，确定混凝土的水灰比；②在满足混凝土施工要求的和易性的基础上，根据粗骨料的种类和规格确定单位用水量；③砂率应以砂在骨料中的数量填充石子空隙后略有富余的原则来确定。

（1）确定水胶比 $W/(C+P)$ 及水灰比 W/C。当混凝土强度等级小于C60级时，根据配制强度按式（1.4）确定混凝土水胶比、水灰比：

$$\frac{W}{C+P} = \frac{\alpha_a \times f_{ce}}{f_{cu,0} + \alpha_a \times \alpha_b \times f_{ce}} \quad \text{或} \quad \frac{W}{C} = \frac{\alpha_a \times f_{ce}}{f_{cu,0} + \alpha_a \times \alpha_b \times f_{ce}} \tag{1.4}$$

式中　f_{ce}——水泥28d抗压强度实测值，MPa；

　　α_a、α_b——回归系数，取值见表1.14。

表 1.14　　回归系数 α_a、α_b 选用

回归系数	石子品种		回归系数	石子品种	
	碎石	卵石		碎石	卵石
α_a	0.46	0.48	α_b	0.07	0.33

当无水泥28d抗压强度实测值时，按式（1.5）确定 f_{ce}：

$$f_{ce} = \gamma_c \times f_{ce,g} \tag{1.5}$$

式中　$f_{ce,g}$——水泥强度等级值，MPa；

　　　γ_c——水泥强度等级值富余系数，按实际统计资料确定，富余系数可取$\gamma_c=1.13$。

由式（1.5）计算出的水灰比应小于表 1.15 中规定的最大水灰比。若计算而得的水灰比大于最大水灰比，应选择最大水灰比以保证混凝土的耐久性。

表 1.15　　　　　　　　　混凝土的最大水灰比和最小水泥用量

环境条件	结构物类别	最大水灰比			最小水泥用量/kg		
		素混凝土	钢筋混凝土	预应力混凝土	素混凝土	钢筋混凝土	预应力混凝土
干燥环境	正常的居住或办公用房屋内部件	不作规定	0.65	0.60	200	260	300
潮湿环境	无冻害	1. 高湿度的室内部件；2. 室外部件；3. 在非侵蚀性土和（或）水中的部件	0.70	0.60	0.60	225	280	300
	有冻害	1. 经受冻害的室外部件；2. 在非侵蚀性土和（或）水中且经受冻害的部件；3. 高湿度且经受冻害的室内部件	0.55	0.55	0.55	250	280	300
有冻害和除冰剂的潮湿环境	经受冻害和除冰剂作用的室内和室外部件	0.50	0.50	0.50	300	300	300

注　1. 当用活性掺合料取代部分水泥时，表中的最大水灰比及最小水泥用量即为替代前的水灰比和水泥用量。

　　2. 配制 C15 级及其以下等级的混凝土，可不受本表限制。

（2）确定砂率 S_v。

1）坍落度为 10～60mm 的混凝土砂率，可按粗骨料品种、规格及混凝土的水灰比在表 1.16 选用。

表 1.16　　　　　　　　　　混凝土的砂率　　　　　　　　　　　　　%

水灰比（W/C）	卵石最大粒径			碎石最大粒径		
	10mm	20mm	40mm	16mm	20mm	40mm
0.40	26～32	25～31	24～30	30～35	29～34	27～32
0.50	30～35	29～34	28～33	33～38	32～37	30～35
0.60	33～38	32～37	31～36	36～41	35～40	33～38
0.70	36～41	35～40	34～39	39～44	38～43	36～41

注　1. 表中数值系中砂的选用砂率，对细砂或粗砂，可相应地减少或增加砂率。

　　2. 只用一个单粒级粗骨料配制混凝土时，砂率应适当增加。

　　3. 对薄壁构件，砂率取偏大值。

　　4. 表中的砂率系指砂与骨料总量的质量比。

2）坍落度大于 60mm 的混凝土砂率，可经试验确定，也可在表 1.16 的基础上，按坍落度每增大 20mm，砂率增大 1% 的幅度予以调整。

3）坍落度小于 10mm 的混凝土，其砂率应通过试验确定。

（3）确定用水量 m_{w0}。用水量 m_{w0} 根据施工要求的混凝土拌和物的坍落度、所用骨料的种类及最大粒径查表确定。

1）W/C 在 0.4～0.8 范围时，根据粗骨料的品种及施工要求的混凝土拌和物的稠度，其用水量可按表 1.17 和表 1.18 取用。如坍落度需增减，按坍落度每增减 20mm，用水量相应增减 5kg，计算出用水量。

表 1.17   **塑性混凝土的用水量**   单位：kg

拌和物稠度		卵石最大粒径				碎石最大粒径			
项目	指标	10mm	20mm	31.5mm	40mm	16mm	20mm	31.5mm	40mm
坍落度	10～30mm	190	170	160	150	200	185	175	165
	35～50mm	200	180	170	160	210	195	185	175
	55～70mm	210	190	180	170	220	205	195	185
	75～90mm	215	195	185	175	230	215	205	195

表 1.18   **干硬性混凝土的用水量**   单位：kg

拌和物稠度		卵石最大粒径			碎石最大粒径		
项目	指标	10mm	20mm	40mm	16mm	20mm	40mm
维勃稠度	16～20s	175	160	145	180	170	155
	11～15s	180	165	150	185	175	160
	5～10s	185	170	155	190	180	165

2）采用各种外加剂或掺合料时，用水量应相应调整。掺外加剂时的用水量可按式（1.6）计算：

$$m_{wa} = m_{we}(1-\beta) \tag{1.6}$$

式中 m_{wa}——掺外加剂时每立方米混凝土的用水量，kg；

        m_{we}——未掺外加剂时的每立方米混凝土的用水量，kg；

        β——外加剂的减水率，%，经试验确定。

（4）确定每立方米混凝土的水泥用量 m_c。

1）加入掺合料的混凝土中，每立方米混凝土的掺合料用量（m_p）及水泥用量（m_c）可按式（1.7）～式（1.9）计算：

$$m_c + m_p = \frac{m_w}{W/(C+P)} \tag{1.7}$$

$$m_c = (1-p_m)(m_c + m_p) \tag{1.8}$$

$$m_p = p_m(m_c + m_p) \tag{1.9}$$

式中 m_c——每立方米混凝土水泥量，kg；

        m_w——每立方米混凝土的用水量，kg；

        m_p——每立方米混凝土的掺合料用量，kg；

        p_m——掺合料的掺量，%；

$W/(C+P)$——水胶比。

2）未加掺合料的混凝土中，每立方米混凝土的水泥用量（m_c）可按式（1.10）计算：

$$m_c = \frac{m_w}{W/C} \tag{1.10}$$

式中　m_c——每立方米混凝土水泥量，kg；

　　　　m_w——每立方米混凝土的用水量，kg；

　　　　W/C——水灰比。

计算所得的水泥用量如小于表 1.17 和表 1.18 所规定的最小水泥用量时，则应按表取值。混凝土的最大水泥用量不宜大于 550kg/m³。

1.4.1.3　确定粗、细骨料用量 m_g、m_s

在已知混凝土用水量、水泥用量和砂率的情况下，可用体积法或质量法求出粗、细骨料的用量。

（1）体积法。体积法又称绝对体积法。这个方法是假设混凝土组成材料绝对体积的总和等于混凝土的体积，即：

$$\frac{m_c}{\rho_c} + \frac{m_w}{\rho_w} + \frac{m_p}{\rho_p} + \frac{m_s}{\rho_s} + \frac{m_g}{\rho_g} + 0.01\alpha = 1 \tag{1.11}$$

每立方米混凝土中砂、石的绝对体积为：

$$V_{s,g} = 1 - \left(\frac{m_c}{\rho_c} + \frac{m_w}{\rho_w} + \frac{m_p}{\rho_p} + 0.01\alpha \right) \tag{1.12}$$

砂子用量为：

$$m_s = V_{s,g} S_v \rho_s \tag{1.13}$$

石子用量为：

$$m_g = V_{s,g} (1 - S_v) \rho_g \tag{1.14}$$

式中　m_c——每立方米混凝土的水泥用量，kg；

　　　　m_p——每立方米混凝土的掺合料用量，kg；

　　　　m_w——每立方米混凝土的用水量，kg；

　　　　m_s——每立方米混凝土的细骨料用量，kg；

　　　　m_g——每立方米混凝土的粗骨料用量，kg；

　　　　ρ_c——水泥密度，kg/m³；

　　　　ρ_p——掺合料密度，kg/m³；

　　　　ρ_w——水密度，kg/m³，可取 1000kg/m³；

　　　　ρ_g——粗骨料的视密度，kg/m³；

　　　　ρ_s——细骨料的视密度，kg/m³；

　　　　α——混凝土含气量百分数，%，在不使用含气型外掺剂时可取 $\alpha=1$；

　　　　S_v——砂率，%。

在上述关系式中，ρ_s 和 ρ_g 应按《普通混凝土用碎石或卵石质量标准及检验方法》（JGJ 53—92）及《普通混凝土用砂质量标准及检验方法》（JGJ 52—92）所规定的方法测得。

24

（2）质量法。质量法又称为假定质量法。这种方法是假定混凝土拌和料的质量为已知 m_{cp}，从而，可求出单位体积混凝土的骨料总质量，进而分别求出粗骨料和细骨料的质量，得出混凝土的配合比。混凝土拌和料的质量假定值 m_{cp} 可参考表 1.19。

表 1.19　　　　　　每立方米混凝土拌和物质量假定值 m_{cp} 选定表　　　　　单位：kg

混凝土种类	石 子 最 大 粒 径				
	20mm	40mm	80mm	120mm	150mm
普通混凝土	2380	2400	2430	2450	2460
引气混凝土	2280	2320	2350	2380	2390

每立方米混凝土拌和物中砂石总质量为：

$$m_{s,g}=m_{cp}-(m_c+m_w+m_p) \tag{1.15}$$

砂子用量为：

$$m_s=m_{s,g}S_v \tag{1.16}$$

石子用量为：

$$m_g=m_{s,g}(1-S_v) \tag{1.17}$$

式中　m_{cp}——每立方米混凝土拌和物的假定质量，kg；

　　　$m_{s,g}$——每立方米混凝土拌和物中砂石总质量，kg；

其他符号意义同前。

1.4.1.4　确定计算配合比

经过上述计算，可得出每立方米混凝土中各组成材料的计算用量，即可求出以水泥用量为 1 的各材料用量比值，为混凝土计算配合比。

$$m_c:m_p:m_w:m_s:m_g=1:\frac{m_p}{m_c}:\frac{m_w}{m_c}:\frac{m_s}{m_c}:\frac{m_g}{m_c} \tag{1.18}$$

若混凝土中未加掺合料，则混凝土计算配合比为：

$$m_c:m_w:m_s:m_g=1:\frac{m_w}{m_c}:\frac{m_s}{m_c}:\frac{m_g}{m_c} \tag{1.19}$$

【例 1.1】　已知某水电站厂房采用现浇钢筋混凝土梁，混凝土设计强度等级 C30，施工要求坍落度为 35～50mm，使用环境为无冻害的室外使用。施工单位无该种混凝土的历史统计资料，该混凝土采用统计法评定。所用的原材料情况如下：

（1）水泥：42.5 级普通水泥，实测 28d 抗压强度为 46.0MPa，密度 $\rho_c=3100kg/m^3$。

（2）砂：级配合格，$\mu_f=2.7$ 的中砂，表观密度 $\rho_s=2650kg/m^3$。

（3）石子：5～20mm 的碎石，表观密度 $\rho_g=2720kg/m^3$。

试求该混凝土的计算配合比。

解：

1. 确定混凝土配制强度 $f_{cu,0}$

查表 1.13，当混凝土强度等级为 C30 时，取 $\sigma=4.5MPa$，则按式（1.3）得：

$$f_{cu,0}=f_{cu,k}+1.645\sigma=30+1.645\times4.5=37.40(MPa)$$

2. 确定混凝土配合比三参数

（1）水灰比（W/C）。混凝土中采用碎石，查表 1.14 回归系数 $\alpha_a=0.46$，$\alpha_b=0.07$，

且已知水泥实测 28d 抗压强度 $f_{ce}=46.0\mathrm{MPa}$，则按式（1.4）得：

$$\frac{W}{C}=\frac{\alpha_a\times f_{ce}}{f_{cu,0}+\alpha_a\times\alpha_b\times f_{ce}}=\frac{0.46\times46.0}{37.40+0.46\times0.07\times46.0}=0.54$$

查表 1.15 得最大水灰比为 0.60，可取水灰比为 0.54。

（2）选取砂率 S_v。查表 1.16，水灰比 $W/C=0.54$ 且碎石最大粒径为 20mm 时，可取砂率 $S_v=36\%$。

（3）确定单位用水量 m_w。根据混凝土坍落度为 35～50mm，砂子为中砂，石子为 5～20mm 的碎石，查表 1.17，可选取单位用水量 $m_w=195\mathrm{kg}$。

（4）确定水泥用量。未加掺合料的混凝土中，每立方米混凝土的水泥用量 m_c 按式（1.10）得：

$$m_c=\frac{m_w}{W/C}=\frac{195}{0.54}=361(\mathrm{kg})$$

由表 1.15 查得最小水泥用量为 280kg，可取水泥用量 $m_c=361\mathrm{kg}$。

3. 确定粗骨料和细骨料用量 m_g、m_s

（1）体积法。已知不使用含气型外掺剂，可取 $\alpha=1$；经上述计算已确定砂率 $S_v=36\%$，则按式（1.12）～式（1.14）计算。

每立方米混凝土中砂、石的绝对体积为：

$$V_{s,g}=1-\left(\frac{m_c}{\rho_c}+\frac{m_w}{\rho_w}+0.01\alpha\right)=1-\left(\frac{361}{3100}+\frac{195}{1000}+0.01\right)=0.679(\mathrm{m}^3)$$

砂子用量为：

$$m_s=V_{s,g}S_v\rho_s=0.679\times36\%\times2650=648(\mathrm{kg})$$

石子用量为：

$$m_g=V_{s,g}(1-S_v)\rho_g=0.679\times(1-36\%)\times2720=1182(\mathrm{kg})$$

（2）质量法。参考表 1.19，取 $1\mathrm{m}^3$ 新拌混凝土的质量假定值 $m_{cp}=2380\mathrm{kg}$，经上述计算已确定砂率 $S_v=36\%$ 且不使用含气型外掺剂，则按式（1.15）～式（1.17）计算。

每立方米混凝土拌和物中砂石总质量为：

$$m_{s,g}=m_{cp}-(m_c+m_w)=2380-361-195=1824(\mathrm{kg})$$

砂子用量为：

$$m_s=m_{s,g}S_v=1824\times36\%=656.64(\mathrm{kg})$$

石子用量为：

$$m_g=m_{s,g}(1-S_v)=1824\times(1-36\%)=1167.36(\mathrm{kg})$$

4. 确定计算配合比

（1）体积法求得 $1\mathrm{m}^3$ 混凝土中采用水泥 361kg，水 195kg，砂 648kg，碎石 1182kg。按式（1.19）确定计算配合比为：

$$\begin{aligned}m_c:m_w:m_s:m_g&=1:\frac{m_w}{m_c}:\frac{m_s}{m_c}:\frac{m_g}{m_c}\\&=1:\frac{195}{361}:\frac{648}{361}:\frac{1182}{361}\\&=1:0.54:1.80:3.27\end{aligned}$$

（2）质量法求得 $1\mathrm{m}^3$ 混凝土中采用水泥 361kg，水 195kg，砂 656.64kg，碎石

1167.36kg。按式（1.19）确定计算配合比为：

$$m_c : m_w : m_s : m_g = 1 : \frac{m_w}{m_c} : \frac{m_s}{m_c} : \frac{m_g}{m_c}$$
$$= 1 : \frac{195}{361} : \frac{656.64}{361} : \frac{1167.36}{361}$$
$$= 1 : 0.54 : 1.82 : 3.23$$

1.4.2 基准配合比

按初步计算配合比进行混凝土配合比的试配和调整。试配时，混凝土的搅拌量可按表1.20选取。当采用机械搅拌时，其搅拌不应小于搅拌机额定搅拌量的1/4。

表 1.20 混凝土试拌的最小搅拌量

骨料最大粒径/mm	拌和物数量/L	骨料最大粒径/mm	拌和物数量/L
31.5 及以下	15	40	25

试配时按前文所示的计算配合比，计算混凝土的搅拌量，试拌后立即测定混凝土的工作。当试拌得出的拌和物坍落度比要求值小时，应在水灰比不变的前提下，增加水泥浆用量；当坍落度比要求值大时，应在砂率不变的前提下，增加砂、石用量；当黏聚性、保水性差时，可适当加大砂率。调整时，应及时记录调整后的各材料用量。

如果试拌的混凝土坍落度不能满足要求或保水性不好，应在保证水灰比条件下相应调整用水量或砂率，直到符合要求为止。

供检验混凝土强度用的基准配合比为：

$$m_{c,j} : m_{w,j} : m_{s,j} : m_{g,j} = 1 : \frac{m_{w,j}}{m_{c,j}} : \frac{m_{s,j}}{m_{c,j}} : \frac{m_{g,j}}{m_{c,j}} \tag{1.20}$$

【例 1.2】 按［例 1.1］体积法确定的混凝土计算配合比计算结果，进行混凝土和易性的检验与调整，并确定该水电站厂房现浇钢筋混凝土梁的混凝土基准配合比。

解：

1. 确定试配混凝土的材料用量

按表1.20规定，取15L混凝土，则按［例 1.1］体积法确定的计算配合比，各组成材料用量为：

水泥 $\qquad m_{c,1} = 361 \times \frac{15}{1000} = 5.415 \text{(kg)}$

水 $\qquad m_{w,1} = 195 \times \frac{15}{1000} = 2.925 \text{(kg)}$

砂 $\qquad m_{s,1} = 648 \times \frac{15}{1000} = 9.720 \text{(kg)}$

石 $\qquad m_{g,1} = 1182 \times \frac{15}{1000} = 17.730 \text{(kg)}$

此时混凝土拌和物的总质量为 $m_1 = m_{c,1} + m_{w,1} + m_{s,1} + m_{g,1} = 35.79 \text{kg}$。

2. 调整

拌和均匀后，测得该试配混凝土坍落度为 25mm，低于施工要求的坍落度 35～50mm，则需调整。增加水泥浆量 5%，骨料用量不变，测得坍落度为 40mm，新拌混凝土的黏聚性和保水性良好，满足工程要求。经调整后各项材料用量为：

水泥　　　　$m_{c,2}=m_{c,1}\times(1+5\%)=5.415\times(1+5\%)=5.686(\text{kg})$

水　　　　　$m_{w,2}=m_{w,1}\times(1+5\%)=2.925\times(1+5\%)=3.071(\text{kg})$

砂　　　　　　　　　$m_{s,2}=m_{s,1}=9.720\text{kg}$

石　　　　　　　　　$m_{g,2}=m_{s,1}=17.730\text{kg}$

此时混凝土拌和物的总质量为：

$$m_2=m_{c,2}+m_{w,2}+m_{s,2}+m_{g,2}=36.207\text{kg}$$

拌和物的体积为：

$$V_2=15+\frac{5.686-5.415}{3.1}+\frac{3.071-2.925}{1}=15.233(\text{L})$$

每立方米混凝土拌和物质量计算值为：

$$m=\frac{36.207}{15.233}\times1000=2377(\text{kg})$$

调整后每立方米混凝土的各组成材料用量分别为：

水泥　　　　$m_{c,j}=\dfrac{m_{c,2}}{m_2}\times m=\dfrac{5.686}{36.207}\times2377=373(\text{kg})$

水　　　　　$m_{w,j}=\dfrac{m_{w,2}}{m_2}\times m=\dfrac{3.071}{36.207}\times2377=202(\text{kg})$

砂　　　　　$m_{s,j}=\dfrac{m_{s,2}}{m_2}\times m=\dfrac{9.720}{36.207}\times2377=638(\text{kg})$

石　　　　　$m_{g,j}=\dfrac{m_{g,2}}{m_2}\times m=\dfrac{17.73}{36.207}\times2377=1164(\text{kg})$

调整后 1m^3 混凝土中采用水泥 373kg，水 202kg，砂 638kg，碎石 1164kg。按式 (1.20) 确定基准配合比为：

$$m_{c,j}:m_{w,j}:m_{s,j}:m_{g,j}=1:\frac{m_{w,j}}{m_{c,j}}:\frac{m_{s,j}}{m_{c,j}}:\frac{m_{g,j}}{m_{c,j}}$$
$$=1:\frac{202}{373}:\frac{638}{373}:\frac{1164}{373}$$
$$=1:0.54:1.71:3.12$$

1.4.3　实验室配合比

经调整后的基准配合比虽工作性已满足要求，但经计算而得出的水灰比是否真正满足强度的要求需要通过强度试验检验。在基准配合比的基础上做强度试验时，采用三个不同的配合比，其中一个为基准配合比的水灰比，另外两个较基准配合比的水灰比分别增加和减少 0.05。其用水量应与基准配合比的用水量相同，砂率可分别增加和减少 1%。

制作混凝土强度试验试件时，应检验混凝土拌和物的坍落度和维勃稠度、黏聚性、保水性及拌和物的体积密度，并以此结果作为代表相应配合比的混凝土拌和物的性能。进行混凝土强度试验时，每种配合比至少应制作一组（三块）试件，标准养护 28d 时试压。需要时可同时制作几组试件，供快速检验或早龄试压，以便提前定出混凝土配合比供施工使用，但应以标准养护 28d 的强度的检验结果为依据调整配合比。

根据试验得出的混凝土强度与其相对应的灰水比（C/W）关系，用作图法或计算法求出与混凝土配制强度（$f_{cu,0}$）相对应的灰水比，并应按下列原则确定每立方米混凝土的材料用量：

（1）水泥用量（m_c）应以用水量乘以选定出来的灰水比计算确定。

（2）用水量（m_w）应在基准配合比用水量的基础上，根据制作强度试件时测得的坍落度或维勃稠度进行调整确定。

（3）粗集料和细集料用量（m_s 和 m_g）应在基准配合比的粗集料和细集料用量的基础上，按选定的灰水比进行调整后确定。

经试配确定配合比后，尚应按下列步骤进行校正，据前述已确定的材料用量按式（1.21）计算混凝土的质量计算值：

$$m_{ce} = m_c + m_w + m_s + m_g \qquad (1.21)$$

再按式（1.22）计算混凝土配合比校正系数 δ：

$$\delta = \frac{m_{ct}}{m_{ce}} \qquad (1.22)$$

式中　m_{ct}——混凝土表观密度实测值，kg；

　　　m_{ce}——混凝土表观密度计算值，kg。

按配合比校正系数 δ 对配合比中各项材料用量进行调整，即可计算出调整后的试验室配合比。

当混凝土表观密度实测值与计算值之差的绝对值不超过计算值的 2% 时，按以前的配合比即为确定的实验室配合比；当二者之差超过 2% 时，应将配合比中每项材料用量均乘以校正系数 δ，即为最终确定的实验室配合比。实验室配合比在使用过程中应根据原材料情况及混凝土质量检验的结果予以调整。但遇有下列情况之一时，应重新进行配合比设计：

（1）对混凝土性能指标有特殊要求时。

（2）水泥、外加剂或矿物掺合料品种、质量有显著变化时。

（3）该配合比的混凝土生产间断半年以上时。

【例 1.3】　按［例 1.1］和［例 1.2］的计算结果，进行混凝土强度检验并确定该水电站厂房现浇钢筋混凝土梁的混凝土实验室配合比。

解：

1. 混凝土强度检验

以基准配合比为基础制作强度试验试件，采用水灰比为 0.49，0.54 和 0.59 的三个不同配合比，砂率分别取 35%、36%、37%，固定用水量，按质量法计算砂石用量，混凝土拌和物各组成材料用量、坍落度及 28d 抗压强度测定值见表 1.21。

表 1.21　　　　　　　混凝土配合比的计算及试配结果

| 编号 | 混凝土配合比 | | | | | 混凝土实测性能 | | |
	水灰比	水泥用量/kg	用水量/kg	砂子用量/kg	石子用量/kg	坍落度/mm	28d 抗压强度/MPa	灰水比
1	0.49	412	202	618	1148	45	42.8	2.04
2	0.54	373	202	638	1164	40	38.2	1.85
3	0.59	342	202	679	1157	40	34.0	1.70

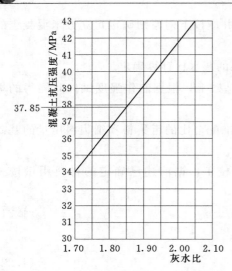

图 1.2 实测抗压强度与灰水比关系

根据上述试验得出的混凝土抗压强度与其相对应的灰水比（C/W）关系，由图 1.2 查出对应灰水比为 1.85 时，混凝土抗压强度 $f_{cu}=$ 37.85MPa，该混凝土配合比满足混凝土配制要求，也满足耐久性要求。

满足要求的每立方米混凝土的材料用量分别为：水泥 373kg、水 202kg、砂 638kg、碎石 1164kg。

2. 确定实验室配合比

经测定每立方米混凝土拌和物质量实测值 $m_{ct}=2430$kg，则配合比校正系数按式（1.22）得：

$$\delta=\frac{m_{ct}}{m_{ce}}=\frac{2430}{373+202+638+1164}=1.022$$

每立方米混凝土拌和物各组成材料调整值为：

水泥 $m_{c,s}=373\times1.022=381(\text{kg})$

水 $m_{w,s}=202\times1.022=206(\text{kg})$

砂 $m_{s,s}=638\times1.022=652(\text{kg})$

石 $m_{g,s}=1164\times1.022=1190(\text{kg})$

实验室配合比为 $m_{c,s}:m_{w,s}:m_{s,s}:m_{g,s}=1:0.54:1.71:3.12$

1.4.4 施工配合比

实验室配合比是以干燥材料为基准的，而工地存放的砂石都含有一定的水分，且随着气候的变化而经常变化。所以，现场材料的实际称量应按施工现场砂石的含水情况进行修正，修正后的配合比称为施工配合比。

假定工地存放的砂的含水率为 $a\%$，石子的含水率为 $b\%$，则将上述自由时配合比换算为施工配合比，其材料称量为：

水泥用量

$$m_{c0}=m_{c,s} \tag{1.23}$$

砂用量

$$m_{s0}=m_{s,s}(1+a\%) \tag{1.24}$$

石子用量

$$m_{g0}=m_{g,s}(1+b\%) \tag{1.25}$$

用水量

$$m_{w0}=m_{w,s}-m_{s,s}\times a\%-m_{g,s}\times b\% \tag{1.26}$$

式中 $m_{c,s}$、$m_{w,s}$、$m_{s,s}$、$m_{g,s}$——调整后的试验室配合比中每立方米混凝土中的水泥、水、砂和石子的用量，kg；

     m_{c0}、m_{w0}、m_{s0}、m_{g0}——施工配合比中每立方米混凝土中的水泥、水、砂和石子的用量，kg。

应注意，进行混凝土配合比计算时，其计算公式中有关参数和表格中的数值均系以干燥状态骨料（含水率小于 0.05％的粗集料或含水率小于 0.2％的粗骨料）为基准。当以饱和面干骨料为基准进行计算时，则应做相应的调整，即施工配合比公式中的 a、b 分别表示现场砂石含水率与其饱和面干含水率之差。

【例 1.4】 按［例 1.1］～［例 1.3］的计算结果，经测定施工现场砂的含水率为 3％，碎石的含水率为 1％，计算混凝土施工配合比。

解：

按式（1.23）～式（1.26）计算每立方米混凝土中的水泥、水、砂和石子的用量：

水泥用量 $\qquad m_{c0} = m_{c,s} = 381(\text{kg})$

砂用量 $\qquad m_{s0} = m_{s,s}(1+a\%) = 652 \times (1+3\%) = 672(\text{kg})$

石子用量 $\qquad m_{g0} = m_{g,s}(1+b\%) = 1190 \times (1+1\%) = 1202(\text{kg})$

用水量

$$m_{w0} = m_{w,s} - m_{s,s} \times a\% - m_{g,s} \times b\% = 206 - 652 \times 3\% - 1190 \times 1\% = 175(\text{kg})$$

混凝土施工配合比为 $m_{c0} : m_{w0} : m_{s0} : m_{g0} = 1 : 0.46 : 1.76 : 3.15$

本 章 小 结

通过本章对水工混凝土的发展史、混凝土主要组成材料的选择、主要技术性质的测定与计算、混凝土配合比设计计算等内容的讲述，使学生了解水工混凝土规范化、科学化的发展，建立对水工混凝土的概念，对水工混凝土有初步的认识，掌握水工混凝土的基础知识，为后续混凝土的学习及今后的实际工作提供专业知识储备。

思 考 题

1.1 混凝土的主要组成材料有哪些？在混凝土配料时，怎样选择水泥品种及强度等级？

1.2 混凝土用砂的质量要求有哪些？

1.3 何谓混凝土的和易性？其含义是什么？如何进行和易性的评定？

1.4 硬化后的混凝土有哪些主要技术性质？

1.5 何谓混凝土的徐变变形？

1.6 已知某重力坝水位变化区设计采用 C20 混凝土，处于寒冷地区，施工要求坍落度为 35～50mm，采用 42.5 普通水泥，实测 28d 抗压强度为 42.5MPa，其密度为 $\rho_c = 3000\text{kg/m}^3$；级配合格的中砂，其表观密度 $\rho_s = 2650\text{kg/m}^3$；卵石最大粒径为 40mm，其表观密度为 $\rho_g = 2720\text{kg/m}^3$。

（1）试用体积法求该混凝土的计算配合比。

（2）已知施工现场含水率为 3％，石子含水率为 2％，试计算其施工配合比。

第2章 混凝土制备

【学习目标】 了解配料在混凝土制备过程中的重要性及混凝土制备的过程；掌握利用混凝土配料设备进行精确配料；熟悉混凝土制备的注意事项。

【知识点】 混凝土的配料设备、称量设备及其适用性的介绍；混凝土拌和设备及拌和方式、方法介绍。

【技能点】 能够掌握人工拌和混凝土流程和混凝土搅拌机的使用；能依据施工现场实际情况选择混凝土拌和方案。

混凝土制备的过程包括储料、供料、配料和拌和。其中配料和拌和是主要生产环节，也是质量控制的关键，要求品种无误、配料准确、拌和充分。

2.1 混 凝 土 配 料

配料是按设计要求，称量每次拌和混凝土的材料用量。配料的精度直接影响混凝土质量。混凝土配料要求采用重量配料法，即是将砂、石、水泥、掺合料按重量计量，水和外加剂溶液按重量折算成体积计量。

2.1.1 给料设备

给料是将混凝土各组分从料仓按要求供到称料斗。给料设备的工作机构常与称量设备相连，当需要给料时，控制电路开通，进行给料。当计量达到要求时，即断电停止给料。常用的给料设备见表2.1。

表 2.1　　　　　　　　　　　　常 用 给 料 设 备

序号	名　称	特　　点	适宜给料对象
1	皮带给料机	运行稳定、无噪声、磨损小、使用寿命长、精度较高	砂
2	给料闸门	结构简单、操作方便、误差较大，可手控、气控、电磁控制	砂、石
3	电磁振动给料机	给料均匀，可调整给料量，误差较大、噪声较大	砂、石
4	叶轮给料机	运行稳定、无噪声、称料准确，可调给料量，满足粗、精称量要求	水泥、混合材料
5	螺旋给料机	运行稳定、给料距离灵活、工艺布置方便，但精度不高	水泥、混合材料

2.1.2 混凝土称量

混凝土配料称量的设备，有简易称量（地磅）、电动磅秤、自动配料杠杆秤、电子秤、配水箱及定量水表。

2.1.2.1 简易称量

当混凝土拌制量不大，可采用简易称量方式，如图2.1所示。地磅称量，是将地磅安装在地槽内，用手推车装运材料推到地磅上进行称量。这种方法最简便，但称量速度较慢。台秤称量需配置称料斗、储料斗等辅助设备。称料斗安装在台秤上，骨料能由储料斗迅速落入，故称量时间较快，但储料斗承受骨料的重量大，结构较复杂。储料斗的进料可采用皮带机、卷扬机等提升设备。

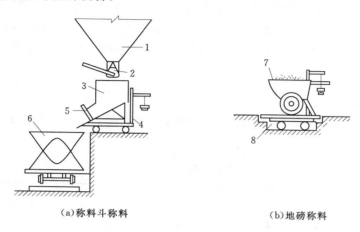

（a）称料斗称料　　　　　　　　（b）地磅称料

图 2.1　简易称量设备

1—储料斗；2—弧形门；3—称料斗；4—台秤；5—卸料门；

6—斗车；7—手推车；8—地槽

2.1.2.2 电动磅秤

电动磅秤是简单的自控计量装置，每种材料用一台装置，给料设备下料至主称量料斗，达到要求重量后即断电停止供料，称量料斗内材料卸至皮带机送至集料斗。

2.1.2.3 自动配料杠杆秤

自动配料杠杆秤带有配料装置和自动控制装置。自动化水平高，可作砂、石的称量，精度较高。

2.1.2.4 配水箱及定量水表

水和外加剂溶液可用配水箱和定量水表计量。配水箱是搅拌机的附属设备，可利用配水箱的浮球刻度尺控制水或外加剂溶液的投放量。定量水表常用于大型搅拌楼，使用时将指针拨至每盘搅拌用水量刻度上，按电钮即可送水，指针也随进水量回移，至零位时电磁阀即断开停水。此后，指针能自动复位至设定的位置。

称量设备一般要求精度较高，而其所处的环境粉尘较大，因此应经常检查调整，及时清除粉尘。一般要求每班检查一次称量精度。以上给料设备、称量设备、卸料装置一般通过继电器联锁动作，实行自动控制。

2.2　混 凝 土 拌 和

混凝土拌和，是按照混凝土配合比设计要求，将其各组成材料（砂石、水泥、水、外加剂及掺合料等）拌和成均匀的混凝土料，以满足浇筑的需要。

混凝土拌和的方法有人工拌和与机械拌和两种。

2.2.1　人工拌和

人工拌和是在一块钢板上进行，先倒入砂子，后倒入水泥，用铁锨反复干拌至少三遍，直到颜色均匀为止。然后在中间扒一个坑，倒入石子和 2/3 的定量水，翻拌 1 遍。再进行翻拌（至少 2 遍），其余 1/3 的定量水随拌随洒，拌至颜色一致，石子全部被砂浆包裹，石子与砂浆没有分离、泌水与不均匀现象为止。人工拌和劳动强度大、混凝土质量难保证，拌和时不得任意加水。人工拌和只适宜于施工条件困难、工作量小、强度不高的混凝土。

2.2.2　机械拌和

用拌和机拌和混凝土较广泛，能提高拌和质量和生产率。拌和机械有自落式和强制式两种。其类型见表 2.2。

表 2.2　　　　　　　　　　　　　　混凝土搅拌机的型号

型　　式		代　号	
		组	型
自落式	锥形反转出料	J	Z
	锥形倾翻出料	J	F
强制式	涡桨	J	W
	行星	J	X
	单卧轴	J	D
	双卧轴	J	S

2.2.2.1　混凝土搅拌机

1. 自落式混凝土搅拌机

自落式搅拌机是通过筒身旋转，带动搅拌叶片将物料提高，在重力作用下物料自由坠下，反复进行，互相穿插、翻拌、混合使混凝土各组分搅拌均匀的。

（1）锥形反转出料搅拌机。锥形反转出料搅拌机是中、小型建筑工程常用的一种搅拌机，正转搅拌，反转出料。由于搅拌叶片呈正、反向交叉布置，拌和料一方面被提升后靠自落进行搅拌，另一方面又被迫沿轴向作左右窜动，搅拌作用强烈。

图 2.2 为锥形反转出料搅拌机外形。它主要由上料装置、搅拌筒、传动机构、配水系统和电气控制系统等组成。图 2.3 为搅拌筒示意图，当混合料拌好以后，可通过按钮直接改变搅拌筒的旋转方向，拌和料即可经出料叶片排出。

（2）双锥形倾翻出料搅拌机。双锥形倾翻出料搅拌机进出料在同一口，出料由气动倾翻装置使搅拌筒下旋 50°～60°，即可将物料卸出。双锥形倾翻出料搅拌机卸料迅速，拌筒容积利用系数高，拌和物的提升速度低，物料在拌筒内靠滚动自落而搅拌均匀，能耗低，磨损小，能搅拌大粒径骨料混凝土。主要用于大体积混凝土工程。

图2.2 锥形反转出料搅拌机外形图

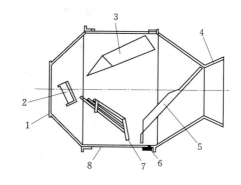

图2.3 锥形反转出料搅拌机的搅拌筒

1—进料口；2—挡料叶片；3—主搅拌叶片；4—出料口；
5—出料叶片；6—滚道；7—副叶片；8—搅拌筒筒身

2. 强制式混凝土搅拌机

强制式混凝土搅拌机一般筒身固定，搅拌机片旋转，对物料施加剪切、挤压、翻滚、滑动、混合使混凝土各组分搅拌均匀。

2.2.2.2 混凝土搅拌机的使用

1. 混凝土搅拌机的安装

（1）搅拌机的运输。搅拌机运输时，应将进料斗提升到上止点，并用保险铁链锁住。轮胎式搅拌机的搬运可用机动车拖行，但其拖行速度不得超过15km/h。如在不平的道路上行驶，速度还应降低。

（2）搅拌机的安装。按施工组织设计确定的搅拌机安放位置，根据施工季节情况搭设搅拌机工作棚，棚外应挖有排除清洗搅拌机废水的排水沟，能保持操作场地的整洁。

固定式搅拌机，应安装在牢固的台座上。当长期使用时，应埋置地脚螺栓；如短期使用，可在机座下铺设木枕并找平放稳。

轮胎式搅拌机，应安装在坚实平整的地面上，全机重量应由四个撑脚负担而使轮胎不受力，否则机架在长期荷载作用下会发生变形，造成联结件扭曲或传动件接触不良而缩短搅拌机使用寿命。当搅拌机长期使用时，为防止轮胎老化和腐蚀，应将轮胎卸下另行保管。机架应以枕木垫起支牢，进料口一端抬高3～5cm，以适应上料时短时间内所造成的偏重。轮轴端部用油布包好，以防止灰土泥水侵蚀。

按搅拌机产品说明书的要求进行安装调试，检查机械部分、电气部分、气动控制部分等是否能正常工作。

2. 搅拌机的使用

（1）搅拌机使用前的检查。搅拌机使用前应按照"十字作业法"（清洁、润滑、调整、紧固、防腐）的要求检查离合器、制动器、钢丝绳等各个系统和部位，是否机件齐全、机构灵活、运转正常，具体检查要求见表2.3和表2.4，并在规定位置加注润滑油脂。检查电源电压，电压升降幅度不得超过搅拌电气设备规定的5%。随后进行空转检查，检查搅拌机旋转方向是否与机身箭头一致，空车运转是否达到要求值。供水系统的水压、水量应满足要求。在确认以上情况正常后，搅拌筒内加清水搅拌3min然后将水放出，再投料搅拌。

表 2.3　　　　　　　　　　　　　　　**搅拌机正常运转的技术条件**

序号	项目	技　术　条　件
1	安装	撑脚应均匀受力，轮胎应架空。如预计使用时间较长时，可改用枕木或砌体支承。固定式的搅拌机，应安装在固定基础上，安装时按规定找平
2	供水	放水时间应小于搅拌时间全程的 50%
3	上料系统	1. 料斗载重时，卷扬机能在任何位置上可靠地制动； 2. 料斗及溜槽无材料滞留； 3. 料斗滚轮与上料轨道密合，行走顺畅； 4. 上止点有限位开关及挡车； 5. 钢丝绳无破损，表面有润滑脂
4	搅拌系统	1. 传动系统运转灵活，无异常音响，轴承不发热； 2. 液压部件及减速箱不漏油； 3. 鼓筒、出浆门、搅拌轴轴端，不得有明显的漏浆； 4. 搅拌筒内、搅拌叶无浆渣堆积； 5. 经常检查配水系统
5	出浆系统	每拌出浆的残留量不大于出料容量的 5%
6	紧固件	完整、齐全、不松动
7	电路	线头搭接紧密，有接地装置、漏电开关

表 2.4　　　　　　　　　　　　　　　**混凝土搅拌前对设备的检查**

序号	设备名称	检　查　项　目
1	送料装置	1. 散装水泥管道及气动吹送装置； 2. 送料拉铲、皮带、链斗、抓斗及其配件； 3. 上述设备间的相互配合
2	计量装置	1. 水泥、砂、石子、水、外加剂等计量装置的灵活性和准确性； 2. 称量设备有无阻塞； 3. 盛料容器是否黏附残渣，卸料后有无滞留； 4. 下料时冲量的调整
3	搅拌机	1. 进料系统和卸料系统的顺畅性； 2. 传动系统是否紧凑； 3. 筒体内有无积浆残渣，衬板是否完整； 4. 搅拌叶片的完整和牢靠程度

（2）开盘操作。在完成上述检查工作后，即可进行开盘搅拌，为不改变混凝土设计配合比，补偿黏附在筒壁、叶片上的砂浆，第一盘应减少石子约 30%，或多加水泥、砂各 15%。

（3）正常运转。

1）投料顺序。普通混凝土一般采用一次投料法或两次投料法；一次投料法是按砂（石子）—水泥—石子（砂）的次序投料，并在搅拌的同时加入全部拌和水进行搅拌；二次投料法是先将石子投入拌和筒并加入部分拌和用水进行搅拌，清除前一盘拌和料黏附在筒壁上的残余，然后再将砂、水泥及剩余的拌和用水投入搅拌筒内继续拌和。

2）操作要点。搅拌机操作要点见表 2.5。

表 2.5   搅 拌 机 操 作 要 点

序号	项 目	操 作 要 点
1	进料	1. 应防止砂、石落入运转机构； 2. 进料容量不得超载； 3. 进料时避免水泥先行进入，避免水泥黏结机体
2	运行	1. 注意声响，如有异常，应立即检查； 2. 运行中经常检查紧固件及搅拌叶，防止松动或变形
3	安全	1. 上料斗升降区严禁任何人通过或停留。检修或清理该场地时，用链条或锁闩将上料斗扣牢； 2. 进料手柄在非工作时或工作人员暂时离开时，必须用保险环扣紧； 3. 出浆时操作人员应手不离开操作手柄，防止手柄自动回弹伤人（强制式机更要重视）
4	停电或机械故障	1. 快硬、早强、高强混凝土，及时将机内拌和物掏清； 2. 普通混凝土，在停拌 45min 内将拌和物掏清； 3. 缓凝混凝土，根据缓凝时间，在初凝前将拌和物掏清； 4. 掏料时，应将电源拉断，防止突然来电

3）搅拌质量检查。混凝土拌和物的搅拌质量应经常检查，混凝土拌和物颜色均匀一致，无明显的砂粒、砂团及水泥团，石子完全被砂浆所包裹，说明其搅拌质量较好。

4）停机。每班作业后应对搅拌机进行全面清洗，并在搅拌筒内放入清水及石子运转 10~15min 后放出，再用竹扫帚洗刷外壁。搅拌筒内不得有积水，以免筒壁及叶片生锈，如遇冰冻季节应放尽水箱及水泵中的存水，以防冻裂。

每天工作完毕后，搅拌机料斗应放至最低位置，不准悬于半空。电源必须切断，锁好电闸箱，保证各机构处于空位。

2.2.3 混凝土拌和站（楼）

在混凝土施工工地，通常把骨料堆场、水泥仓库、配料装置、拌和机及运输设备等，比较集中地布置，组成混凝土拌和站，或采用成套的混凝土工厂（拌和楼）来制备混凝土。按其布置形式有双阶式和单阶式两种，如图 2.4 所示。

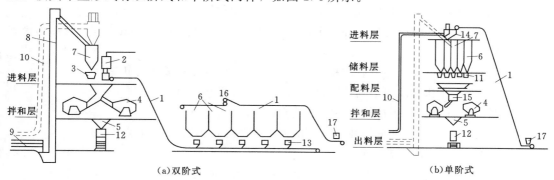

图 2.4 混凝土拌和楼布置示意图

1—皮带机；2—水箱及量水器；3—水泥料斗及磅秤；4—拌和机；5—出料斗；6—骨料仓；7—水泥仓；
8—斗式提升机输送水泥；9—螺旋机输送水泥；10—风送水泥管道；11—集料斗；12—混凝土吊罐；
13—配料器；14—回转料斗；15—回转喂料器；16—卸料小车；17—进料斗

2.3　混凝土制备注意事项

（1）拌和设备投入混凝土生产前，应按经批准的混凝土施工配合比进行最佳投料顺序和拌和时间的试验。

（2）混凝土拌和必须按照试验部门签发并经审核的混凝土配料单进行配料，严禁擅自更改。

（3）混凝土组成材料的配料量均以重量计。称量的允许偏差，不应超过表 2.6 的规定。

表 2.6　　　　　　　　　混凝土材料称量的允许偏差

材　料　名　称	称量允许偏差/%	材　料　名　称	称量允许偏差/%
水泥、掺合料、水、冰、外加剂溶液	±1	砂、石	±2

（4）混凝土拌和时间应通过试验确定。表 2.7 中所列最少拌和时间，可供参考。

表 2.7　　　　　　　　　混凝土最少拌和时间

拌和机容量 Q/m^3	最大骨料粒径 /mm	最少拌和时间/s	
		自落式拌和机	强制式拌和机
$0.75 \leqslant Q \leqslant 1$	80	90	60
$1 \leqslant Q \leqslant 3$	150	120	75
$Q > 3$	150	150	90

注　1. 入机拌和量应在拌和机额定容量的 110% 以内。
　　2. 加冰混凝土的拌和时间应延长 30s（强制式 15s），出机的混凝土拌和物中不应有冰块。
　　3. 掺纤维、硅粉的混凝土其拌和时间根据试验确定。

（5）每台班开始拌和前，应检查拌和机叶片的磨损情况。在混凝土拌和过程中，应定时检测骨料含水量，必要时应加密检测。

（6）混凝土掺合料在现场宜用干掺法，且必须拌和均匀。

（7）外加剂溶液应均匀配入混凝土拌和物中，外加剂溶液中的水量应包含在拌和物用水量之内。

（8）拌和楼进行二次筛分后的粗骨料，其超逊径应控制在要求范围内。

（9）混凝土拌和物出现下列情况之一者，按不合格料处理：

1）错用配料单已无法补救，不能满足质量要求。

2）混凝土配料时，任意一种材料计量失控或漏配，不符合质量要求。

3）拌和不均匀或夹带生料。

4）出机口混凝土温度、含气量和坍落度不符合要求。

本　章　小　结

本章主要介绍了混凝土的制备过程、混凝土配料的基本要求、给料设备及适用对象、混凝土称量设备及称量方法、混凝土拌和的方法、拌和设备的使用、混凝土制备的注意事项。

通过本章的学习，学会应用混凝土配料设备进行精确配料，能依据施工现场实际情况制定混凝土拌和方案、能够胜任施工现场混凝土制备的组织工作。

思 考 题

2.1　混凝土配料给料设备有哪些？

2.2　混凝土称量设备有哪些？

2.3　如何进行混凝土人工拌和？

2.4　混凝土搅拌机的运输要求有哪些？

2.5　混凝土搅拌机的安装要求有哪些？

2.6　搅拌机使用前的检查项目有哪些？

2.7　混凝土开盘操作有哪些要求？

2.8　普通混凝土的投料要求有哪些？

2.9　混凝土搅拌质量如何进行外观检查？

2.10　混凝土搅拌机停机后如何清洗？

第3章 混凝土运输

【学习目标】 了解混凝土运输在混凝土施工中的重要性；熟悉混凝土运输的方式、方法及适用条件；掌握混凝土运输的注意事项。

【知 识 点】 混凝土运输的基本要求；水平运输设备；垂直运输设备。

【技 能 点】 能依据施工现场实际情况制定运输方案。

混凝土运输是整个混凝土施工中的一个重要环节，对工程质量和施工进度影响较大。由于混凝土料拌和后不能久存，而且在运输过程中对外界的影响敏感，运输方法不当或疏忽大意，都会降低混凝土质量，甚至造成废品。如供料不及时或混凝土品种错误，正在浇筑的施工部位将不能顺利进行。因此要解决好混凝土拌和、浇筑、水平运输和垂直运输之间的协调配合问题，还必须采取适当的措施，保证运输混凝土的质量。混凝土运输包括两个运输过程：一是从拌和机前到浇筑仓前，主要是水平运输；二是从浇筑仓前到仓内，主要是垂直运输。

3.1 混凝土水平运输

混凝土的水平运输又称为供料运输。常用的运输方式有人工、机动翻斗车、混凝土搅拌运输车、自卸汽车、机车、皮带机等几种，应根据工程规模、施工场地宽窄和设备供应情况选用。

3.1.1 人工运输

人工运输混凝土常用手推车、架子车和斗车等。用手推车和架子车时，要求运输道路路面平整，随时清扫干净，防止混凝土在运输过程中受到强烈振动。道路的纵坡，一般要求水平，局部不宜大于 15%，一次爬高不宜超过 2～3m，运输距离不宜超过 200m。

用窄轨斗车运输混凝土时，窄轨（轨距 610mm）车道的转弯半径以不小于 10m 为宜。轨道尽量为水平，局部纵坡不宜超过 4%，尽可能铺设双线；以便轻、重车道分开。如为单线要设避车岔道。容量为 $0.60m^3$ 的斗车一般用人力推运，局部地段可用卷扬机牵引。

3.1.2 机动翻斗车

机动翻斗车是混凝土工程中使用较多的水平运输机械。它轻便灵活、转弯半径小、速度快且能自动卸料。车前装有容量为 476L 的翻斗，载重量约 1t，最高时速 20km/h。适用于短途运输混凝土或砂石料。

3.1.3 混凝土搅拌运输车

混凝土搅拌运输车如图 3.1 所示,是运送混凝土的专用设备。它的特点是在运量大、运距远的情况下,能保证混凝土的质量均匀,一般用于混凝土制备点(商品混凝土站)与浇筑点距离较远时使用。它的运送方式有两种:一是在 10km 范围内作短距离运送时,只作运输工具使用,即将拌和好的混凝土接送至浇筑点,在运输途中为防止混凝土分离,让搅拌筒只作低速搅动,使混凝土拌和物不致分离、凝结;二是在运距较长时,搅拌运输两者兼用,即先在混凝土拌和站将干料——砂、石、水泥按配比装入搅拌鼓筒内,并将水注入配水箱,开始只作干料运送,然后在到达距使用点 10～15min 路程时,启动搅拌筒回转,并向搅拌筒注入定量的水,这样在运输途中边运输边搅拌成混凝土拌和物,送至浇筑点卸出。

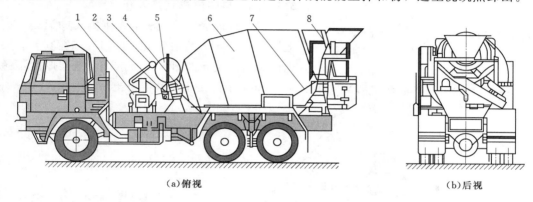

(a)俯视 　　　　　　　　　　　　　　　　　　(b)后视

图 3.1　搅拌运输车外形图
1—泵连接主件;2—减速机总成;3—液压系统;4—机架;5—供水系统;
6—搅拌筒;7—操纵系统;8—进出料装置

3.1.4 自卸汽车运输

3.1.4.1 自卸汽车—栈桥—溜筒

如图 3.2 所示,用组合钢筋柱或预制混凝土柱作立柱,用钢轨梁和面板作桥面构成栈桥,下挂溜筒,自卸汽车通过溜筒入仓。它要求浇筑块之间高差不大。这种方式可从拌和楼一直运至栈桥卸料,生产率高。

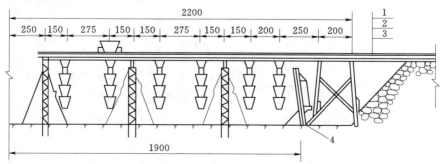

图 3.2　自卸汽车—栈桥入仓(单位:cm)
1—护轮木;2—木板;3—钢轨;4—模板

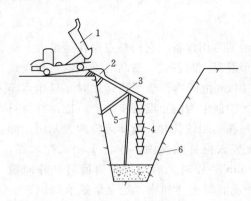

图 3.3　自卸汽车转溜槽、溜筒入仓

1—自卸汽车；2—储料斗；3—斜溜槽；4—溜筒

（漏斗）；5—支撑；6—基岩面

3.1.4.2　自卸汽车—履带式起重机

自卸汽车自拌和楼受料后运至基坑后转至混凝土卧罐，再用履带式起重机吊运入仓。履带式起重机可利用土石方机械改装。

3.1.4.3　自卸汽车—溜槽（溜筒）

自卸汽车转溜槽（溜筒）入仓适用于狭窄、深塘混凝土回填。斜溜槽的坡度一般在 1 : 1 左右，混凝土的坍落度一般为 6cm 左右。每道溜槽控制的浇筑宽度为 5～6m，如图 3.3 所示。

3.1.4.4　自卸汽车直接入仓

（1）端进法。端进法是在刚捣实的混凝土面上铺厚 6～8mm 的钢垫板，自卸汽车在其上驶入仓内卸料浇筑，如图 3.4 所示。浇筑层厚度不超过 1.5m。端进法要求混凝土坍落度小于 3～4cm，最好是干硬性混凝土。

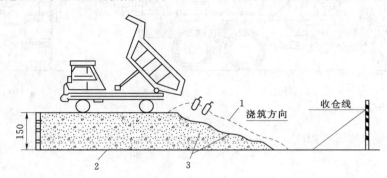

图 3.4　端进法示意图（单位：cm）

1—新入仓混凝土；2—老混凝土面；3—振捣后的台阶

（2）端退法。自卸汽车在仓内已有一定强度的老混凝土面上行驶。汽车铺料与平仓振捣互不干扰，且因汽车卸料定点准确，平仓工作量也较小，如图 3.5 所示。老混凝土的龄期应据施工条件通过试验确定。

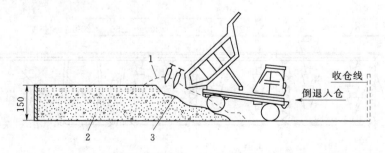

图 3.5　端退法示意图（单位：cm）

1—新入仓混凝土；2—老混凝土；3—振捣后的台阶

3.1.5 铁路运输

大型工程多采用铁路平台列车运输混凝土，以保证较大的运输强度。铁路运输常用机车拖挂数节平台列车，上放混凝土立式吊罐 2～4 个，直接到拌和楼装料。列车上预留 1 个罐的空位，以备转运时放置起重机吊回的空罐。这种运输方法，有利于提高机车和起重机的效率，缩短混凝土运输时间，如图 3.6 所示。

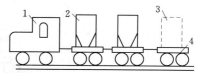

图 3.6 机车拖运混凝土立罐
1—柴油机车；2—混凝土罐；3—放回空罐位置；4—平台车

3.1.6 皮带机运输

皮带机运送混凝土有固定式和移动式两种。固定式皮带机是用钢筋柱（或预制混凝土排架）支撑皮带机通过仓面，每台皮带机控制浇筑宽度 5～6m。这种布置方式每次浇筑高度约 10m。为使混凝土比较均匀地分料入仓，每台皮带机上每间隔 6m 装置一个固定式或移动式刮板，混凝土经溜槽或溜筒入仓。

移动式皮带机用布料机与仓面上的一条固定皮带机正交布置，混凝土通过布料机接溜筒入仓。此外，在三峡等大型工程还有将皮带机和塔机结合的塔带机，它从拌和楼受料用皮带送至仓面附近再通过布料杆将混凝土直接送至浇筑仓面。

3.2 混凝土垂直运输

混凝土的垂直运输又称为入仓运输，主要由起重机械来完成，常见的起重机有履带式、门式、塔式、缆式等几种。

3.2.1 履带式起重机

履带式起重机多由开挖石方的挖掘机改装而成，直接在地面上开行，无需轨道。它的提升高度不大，控制范围比门机小。但起重量大、转移灵活、适应工地狭窄的地形，在开工初期能及早投入使用，生产率高。该机适用于浇筑高程较低的部位。

3.2.2 门式起重机

门式起重机（门机）是一种大型移动式起重设备。它的下部为一钢结构门架，门架底部装有车轮，可沿轨道移动。门架下有足够的净空，能并列通行 2 列运输混凝土的平台列车。门架上面的机身包括起重臂、回转工作台、滑轮组（或臂架连杆）、支架及平衡重等。整个机身可通过转盘的齿轮作用，水平回转 360°。该机运行灵活、移动方便，起重臂能在负荷下水平转动，但不能在负荷下变幅。变幅是在非工作时，利用钢索滑轮组使起重臂改变倾角来完成。图 3.7 所示为常用的 10t 丰满门机。图 3.8 所示为高架门机，起重高度可达 60～70m。

3.2.3 塔式起重机

塔式起重机（简称塔机）是在门架上装置高达数十米的钢架塔身，用以增加起吊高度。其起重臂多是水平的，起重小车钩可沿起重臂水平移动，用以改变起重幅度，如图 3.9 所示。

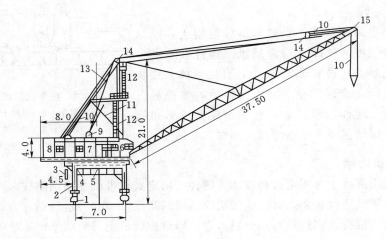

图 3.7　丰满门机 (单位: m)

1—车轮; 2—门架; 3—电缆卷筒; 4—回转机构; 5—转盘; 6—操纵室; 7—机器间; 8—平衡重;

9、14、15—滑轮; 10—起重索; 11—支架; 12—梯; 13—臂架升降索

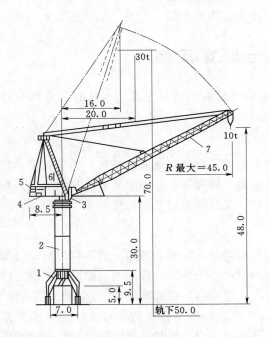

图 3.8　10t/30t 高架门机 (单位: m)

1—门架; 2—圆筒形高架塔身; 3—回转盘;

4—机房; 5—平衡重; 6—操纵台; 7—起重臂

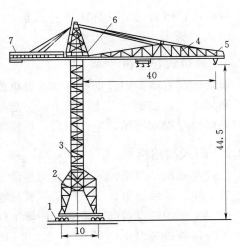

图 3.9　10/25 型塔式起重机 (单位: m)

1—车轮; 2—门架; 3—塔身; 4—伸臂;

5—起重小车; 6—回转塔架; 7—平衡重

3.2.4　缆式起重机

缆式起重机 (简称缆机) 由一套凌空架设的缆索系统、起重小车、主塔架、副塔架等组成, 如图 3.10 所示。主塔内设有机房和操纵室, 并用对讲机和工业电视与现场联系,

以保证缆机的运行。

　　缆索系统为缆机的主要组成部分，它包括承重索、起重索、牵引索和各种辅助索。承重索两端系在主塔和副塔的顶部，承受很大的拉力，通常用高强钢丝束制成，是缆索系统中的主起重索，垂直方向设置升降起重钩，牵引起重小车沿承重索移动。塔架为三角形空间结构，分别布置在两岸缆机平台上。

　　缆机适用于狭窄河床的混凝土坝浇筑，它不仅具有控制范围大、起重量大、生产率

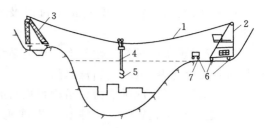

图 3.10　缆式起重机简图
1—承重索；2—首塔；3—尾塔；4—起重索；
5—吊钩；6—起重机轨道；7—混凝土列车

高的特点，而且能提前安装和使用，使用期长，不受河流水文条件和坝体升高的影响，对加快主体工程施工具有明显的作用。

3.3　混凝土运输注意事项

　　（1）选择混凝土运输设备及运输能力，应与拌和、浇筑能力、仓面具体情况相适应。

　　（2）所用的运输设备，应使混凝土在运输过程中不致发生分离、漏浆、严重泌水、过多温度回升和坍落度损失。

　　（3）同时运输两种以上强度等级、级配或其他特性不同的混凝土时，应设置明显的区分标志。

　　（4）混凝土在运输过程中，应尽量缩短运输时间及减少转运次数。掺普通减水剂的混凝土运输时间不宜超过表3.1的规定。因故停歇过久，混凝土已初凝或已失去塑性时，应作废料处理。严禁在运输途中和卸料时加水。

表 3.1　混凝土运输时间

运输时段的平均气温/℃	混凝土运输时间/min	运输时段的平均气温/℃	混凝土运输时间/min
20～30	45	5～10	90
10～20	60		

　　（5）在高温或低温条件下，混凝土运输工具应设置遮盖或保温设施，以避免天气、气温等因素影响混凝土质量。

　　（6）混凝土的自由下落高度不宜大于1.5m。超过时，应采取缓降或其他措施，以防止骨料分离。

　　（7）用自卸汽车、料罐车、搅拌车及其他专用车辆运送混凝土时，应遵守下列规定：

　　1）运输道路应保持平整。

　　2）装载混凝土的厚度不应小于40cm，车厢应平滑密封不漏浆。

　　3）搅拌车装料前，应将拌筒内积水清理干净，运送途中，拌筒慢速转动，并不应往拌筒内加水。

　　4）不宜采用汽车运输混凝土直接入仓。

（8）用门式、塔式、缆式起重机以及其他吊车配吊罐运输混凝土时，应遵守下列规定：

1）起重设备的吊钩、钢丝绳、机电系统配套设施、吊罐的吊耳及吊罐放料口等，应定期进行检查维修，保证设备完好。

2）起吊设备的起吊能力、吊罐容量与混凝土入仓强度相适应。

3）起重设备运转时，应注意与周围施工设备及建筑物保持一定距离，并安装防撞装置。

4）吊罐入仓时，采取措施防止撞击模板、钢筋和预埋件等。

（9）用各类胶带机（包括塔带机、胎带机、布料机等）运输混凝土时，应遵守下列规定：

1）混凝土运输中应避免砂浆损失和骨料分离，必要时适当增加配合比的砂率。

2）当输送混凝土的最大骨料粒径大于 80mm 时，应进行适应性试验，满足混凝土质量要求。

3）卸料处应设置挡板、卸料导管和刮板。

4）布料应均匀。

5）应有冲洗设施及时清洗胶带上黏附的水泥砂浆，并应防止冲洗水流入仓内。

6）露天胶带机上宜搭设盖棚，以免混凝土受日照、风、雨等影响；低温季节施工时，应有适当的保温措施。

7）塔带机、胎带机卸料胶筒不应对接，胶筒长度宜控制在 6～12m。

（10）用溜筒、溜管、溜槽、负压（真空）溜槽运输混凝土时，应遵守下列规定：

1）溜筒（管、槽）内壁应光滑，开始浇筑前应用砂浆润滑筒（管、槽）内壁；当用水润滑时应将水引出仓外，仓面必须有排水措施。

2）溜筒（管、槽）型式、高度及适宜的混凝土坍落度，应经过试验确定，试验场地不应选取主体建筑物。

3）溜筒（管、槽）宜平顺，每节之间应连接牢固，应有防脱落保护措施。

4）运输和卸料过程中，应避免混凝土分离，必要时可设置缓冲装置，不应向溜筒（管、槽）内混凝土加水。

5）当运输结束或溜筒（管、槽）堵塞经处理后，应及时清洗，且应防止清洗水进入新浇混凝土仓内。

本 章 小 结

本章主要介绍了混凝土料运输过程中的基本要求，混凝土水平运输方式，混凝土垂直运输方式，运输方案选择，混凝土运输注意事项。通过本章的学习，学会依据施工现场实际情况制定运输方案，能够胜任施工现场混凝土运输的组织工作。

思 考 题

3.1　混凝土运输过程中应满足的基本要求有哪些？

3.2　当运输时段平均气温在 20～30℃ 时，混凝土的允许运输时间是多少？

3.3 用汽车运送混凝土时，应遵守哪些规定？

3.4 用溜筒、溜管运输混凝土时，应遵守哪些规定？

3.5 混凝土搅拌运输车在运输途中怎样防止混凝土分离？

3.6 试比较门架式起重机与塔式起重机的优缺点？

3.7 门式起重机、塔式起重机无栈桥方案布置方式有哪些？

3.8 缆式起重机适合于何种情况？如何提高其生产率？

3.9 混凝土坝枢纽工程，常用的混凝土辅助浇筑方案有哪几种？

3.10 混凝土坝施工，选择混凝土运输浇筑方案应考虑哪些原则？

第4章 混凝土浇筑与养护

【学习目标】 熟悉水工混凝土浇筑工序和养护方法；掌握常用的混凝土浇筑铺料方法及特殊季节施工注意事项；了解混凝土施工缺陷的成因及防治措施；了解闸室底板施工过程。

【知 识 点】 混凝土铺料方式；振捣技术要求；混凝土养护方法；缺陷防治。

【技 能 点】 能够根据工程部位选择不同的混凝土铺料方法；能够在不同的施工季节合理选择混凝土养护方法；能够区分施工质量缺陷并提出解决方案。

混凝土浇筑和养护是保证混凝土施工质量的关键环节。混凝土浇筑主要有仓面准备、入仓铺料、平仓与振捣等工序，每个工序的施工都需按规范要求进行。混凝土浇筑后必须及时养护，混凝土养护因环境不同，所采用的养护方法也有所不同，本章将分别介绍。

4.1 混凝土入仓铺料

4.1.1 浇筑仓面准备工作

《水工混凝土施工规范》（DL/T 5144—2001）规定：浇筑混凝土前，应详细检查有关准备工作，包括地基处理（或缝面处理）情况，混凝土浇筑的准备工作，模板、钢筋、预埋件及止水设施等是否符合设计要求，并应做好记录。

4.1.1.1 基础面处理

按照规范要求建筑物地基必须验收合格后，方可进行混凝土浇筑的准备工作。岩基上的松动岩石及杂物、泥土均应清除。岩基面应冲洗干净并排净积水；如有承压水，必须采取可靠的处理措施。清洗后的岩基在浇筑混凝土前应保持洁净和湿润。

软基及容易风化的岩基，应做好下列工作：

（1）在软基上准备仓面时，应避免破坏或扰动原状土壤。如有扰动，必须处理。

（2）非黏性土壤地基，如湿度不够，应至少浸湿 15cm 深，使其湿度与最优强度时的湿度相符。

（3）当地基为湿陷性黄土时，应采取专门的处理措施。

（4）对于黏土岩等风化极快的地基，如不能在风化前迅速浇混凝土覆盖层，应用湿草袋覆盖或预留保护层，至浇筑前临时挖去或暴露后即喷 2～3cm 厚水泥砂浆。

对于水闸、船闸等建筑物，施工时应加强基坑排水，确保基坑以下 50cm 内土层干燥，并在临近浇筑前挖去表层 5cm 左右预留保护面。

4.1.1.2 施工缝处理

施工缝是指浇筑块之间的新老混凝土接合面，有水平和垂直结合缝之分。在水平施工缝上老混凝土表面存在一层软弱乳皮，在浇筑新混凝土前必须将其清除干净，形成石子半露而不松动的清洁糙面，以利于新老混凝土的牢固结合。垂直缝的处理可不凿毛，但是要清洗干净，且进行接缝灌浆。

基岩面和新老混凝土施工缝面在浇筑第一层混凝土前，可铺水泥砂浆、小级配混凝土或同强度等级的富砂浆混凝土，保证新混凝土与基岩或新老混凝土施工缝面结合良好。

混凝土施工缝处理时，混凝土收仓面应该浇筑平整，在其抗压强度达到 2.5MPa 后，才能进行下道工序的仓面准备工作。施工缝的处理主要有冲毛、凿毛、喷洒处理剂等。

冲毛的工序为：刷毛→洒水→冲洗。低压冲毛时，水压力一般为 0.3～0.6MPa，冲毛需在混凝土终凝前完成。在三峡工程施工中，试验表明高压水冲毛时间以收仓后 24～36h 为最佳，每平方米冲毛时间以 0.75～1.25min 为最佳。

人工和机械凿毛适用于混凝土龄期较长、拆模后的混凝土立面，宽槽、密封块等狭窄部位的缝面处理，以及钢筋密集部位的施工。毛面处理的开始时间由试验确定，采取喷洒专用处理剂时，也应通过试验后实施。

4.1.1.3 仓面检查

混凝土开始浇筑以前，还应按照规范要求对基础面或混凝土施工缝进行处理；对模板、钢筋、预埋件质量进行检查，取得开仓证后方可进行混凝土浇筑。有金属结构、机电安装和仪器埋设时，签发开仓证之前，应按相关规程或标准进行验收。检查混凝土生产是否处于正常状态。由施工方自检合格后，报经监理工程师审核，经监理工程师签发准浇证后，才能浇筑。仓面检查合格并经批准后，应及时开仓浇筑混凝土，延后时间应控制在 24h 之内，若开仓时间延后超过 24h 且仓面污染时，应重新检查批准。

4.1.2 入仓与铺料

4.1.2.1 混凝土入仓要求

入仓的混凝土应及时振捣，不得堆积。仓内若有粗骨料堆叠时，应均匀地分布于砂浆较多处，但不得用水泥砂浆覆盖，以免造成内部蜂窝。在倾斜面上浇筑混凝土时，应从低处开始浇筑，浇筑面应保持水平，在倾斜面处收仓面应与倾斜面垂直。

4.1.2.2 混凝土铺料方法

混凝土的浇筑，可采用层铺法或台阶法施工，如图 4.1 所示。

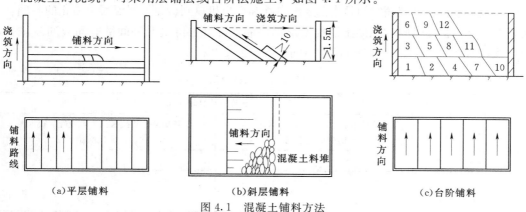

(a) 平层铺料　　　　(b) 斜层铺料　　　　(c) 台阶铺料

图 4.1　混凝土铺料方法

（1）层铺法。层铺法又分为平层铺料和斜层铺料。混凝土入仓铺料时，整个仓面铺满一层振捣密实后，再铺筑下一层，逐层铺筑，称为平铺法。一般要求：沿着仓面的长边方向，由一端铺向另一端；坝、闸工程的迎水面仓位，铺料方向与坝轴线平行；在压力钢管、竖井、孔道、廊道等周边及顶板浇筑混凝土时，混凝土应对称均匀上升。

平铺法有利于保持老混凝土面的清洁，利于铺砂浆和接缝混凝土，利于新老混凝土之间的结合质量。斜层铺料与平层铺料方法类似，只是铺料方向与浇筑方向存在一定夹角。

（2）台阶法。台阶法铺料是指混凝土入仓铺料时，从仓位短边一端向另一端铺料，边前进边加高，逐层向前推进，形成明显的台阶，直至把整个仓位浇到收仓高程。使用台阶法铺料时，阶梯层数不宜过多，以三层为宜；铺料厚度为 30～50cm，浇筑厚度宜为1.0～1.5m；台阶法施工的台阶宽度应大于 2.0m，坡度不大于 1：2。

这种方法不受仓面大小的限制，每坯混凝土覆盖面积较小，平仓振捣后可在较短的时间内覆盖，有利于满足铺料间隔时间的要求。

4.1.2.3 混凝土铺料厚度

混凝土的浇筑坯层厚度，应根据拌和能力、运输能力、浇筑速度、气温及振捣器的性能、仓位面积的大小等因素确定。闸、坝混凝土施工采用平铺法施工时，铺料厚度一般为30～50cm。但胶轮车入仓，人工平仓时，其厚度不宜超过 30cm。根据振捣设备类型确定浇筑坯层的允许最大厚度，参照表 4.1 规定。

表 4.1　　　　　　　　　　　混凝土浇筑坯层的允许最大厚度

振 捣 设 备 类 别		浇筑坯层允许最大厚度
插入式	振捣机	振捣棒（头）长度的 1.0 倍
	电动或风动振捣器	振捣棒（头）长度的 0.8 倍
	软轴式振捣器	振捣棒（头）长度的 1.25 倍
平板式振捣器		200mm

如采用低塑性混凝土及大型强力振捣设备时，其浇筑坯层厚度应根据试验确定。三峡工程目前已普遍采用同标号富砂浆混凝土作为接缝混凝土，混凝土厚度为 20～40cm。

4.1.2.4 混凝土铺料允许间隔时间

混凝土铺料允许间隔时间是指混凝土自拌和楼出机口到覆盖上层混凝土为止的时间，它主要受混凝土初凝时间和混凝土温控要求的限制。混凝土浇筑允许间歇时间应通过试验确定。掺普通减水剂混凝土的允许间歇时间可参照表 4.2。

表 4.2　　　　　　　　　　　混凝土允许间歇时间

混凝土浇筑的气温/℃	允许间歇时间/min	
	中热硅酸盐水泥、硅酸盐水泥、普通硅酸盐水泥	低热矿渣硅酸盐水泥、矿渣硅酸盐水泥、火山灰质硅酸盐水泥
20～30	90	120
10～20	135	180
5～10	195	—

如因故超过允许间歇时间，但混凝土能重塑者，可继续浇筑。混凝土能重塑的标准是用振捣器振捣 30s，振捣棒周围 10cm 内，仍能泛浆且不留孔洞。二滩工程采用的判别方法是：采用振捣台车振捣，60s 内混凝土还能泛浆，可继续浇筑上层混凝土。如局部初凝，但未超过允许面积，则在初凝部位铺水泥砂浆或小级配混凝土后可继续浇筑。

4.1.2.5 混凝土浇筑仓面事故处理

若混凝土浇筑过程中仓面出现下列情况之一时，应停止浇筑：混凝土已经初凝，并初凝面积已超过允许范围；混凝土平均浇筑温度超过允许偏差值，并在 1h 内无法调整至允许温度范围内；下雨持续时间长、仓内面积小，且积水无法排除干净。根据工程的施工实践，增加了停止浇筑前应将已入仓的混凝土立即振捣密实的要求，以减少恢复浇筑时仓面的处理难度。

若浇筑仓面混凝土出料出现下列情况之一时，应当挖除：①拌和楼不合格料；②低等级混凝土料浇筑到高等级要求部位；③不能保证混凝土振捣密实或对建筑物带来不利影响的级配错误的混凝土料；④长时间不凝固或超过规定时间的混凝土料。

4.2 混 凝 土 平 仓 与 振 捣

4.2.1 平仓

将卸入仓内的成堆混凝土摊平至规定厚度的过程，称为平仓。常见的平仓方法有人工平仓、振捣器平仓、机械平仓。

4.2.1.1 人工平仓

下列部位浇筑混凝土时可以采用人工平仓：

（1）模板附近及钢筋加密区。

（2）水平止水、止浆片底部。

（3）门槽、机组埋件等二期混凝土浇筑区。

（4）有金属结构管道或预埋仪器周围。

4.2.1.2 振捣器平仓

振捣器平仓工作量，主要根据铺料的厚度、混凝土坍落度和级配等因素而定。一般情况下，振捣器平仓与振捣时间相比，大约为 1：3，但平仓不能代替振捣。

4.2.1.3 机械平仓

大体积混凝土采用机械平仓较好，以节省人力和提高混凝土施工质量。闽江水电工程局研制的 PZ - 50 - 1 型平仓振捣器、杭州机械设计研究所、上海水工机械厂试制的 PCY - 50 型液压式平仓振捣，可以在低流态和坍落度为 7～9cm 以下的混凝土上操作，使用效果较好。机械平仓适用于仓内面积大、结构简单的仓位。

4.2.2 振捣

4.2.2.1 振捣技术要求

根据施工规定，振捣时间应该以混凝土不再显著下沉、不出现气泡、开始泛浆时为准，此时也常称为混凝土已振捣完全。但不同级别、坍落度的混凝土，振捣时间应该有差别，具体要通过现场试验确定。

4.2.2.2　振捣器的类型

（1）振捣器的类型。按照振捣机械的工作方式可分为内部振捣器、外部振捣器、表面振捣器和振动台，如图 4.2 所示。

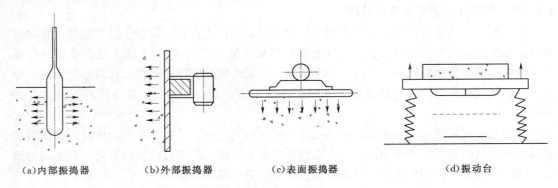

　（a）内部振捣器　　　　（b）外部振捣器　　　　（c）表面振捣器　　　　（d）振动台

图 4.2　振动机械示意图

　　按动力源可分为电动振捣器、风动振捣器和液压振捣器；按连接轴方式可分为硬轴振捣器和软轴振捣器；按组合方式可分为手持式振捣器和振捣器组。常见振捣器的型号及技术性能见表 4.3。

表 4.3　　　　　　　　　国产常用混凝土振捣器的型号及技术性能

型式	名称	型号	振动棒/mm			振动力/N	振捣频率/(r/min)	软轴尺寸/mm		配套动力功率/kW	质量/kg
			直径	长度	振幅			直径	长度		
电动软轴插入式	行星高频式	HZ$_6$X－30	33	414	0.42	2300	19000	10	4000	1.1	26
	插入式	ZX－50	51	542	1.15		12000	13		1.1	
	行星插入式	HZ$_6$X－70	68	480	1.4～1.8	9000～10000	12000～14000	13	4000	2.2	38
	偏心插入式	HZ$_6$P－70A	71	400	2～2.5		6200	13	4000	2.2	45
	偏心式	HZ$_6$X－35	35	468		2500	15800	10	4000	1.1	25
风动插入式	插入式	CFZ－70	76	335			18000～20000				13
	行星插入式	HZ$_5$X－80	80	400			14000～17000				12
	插入式	CFZ－150	150	800			4500～5500				32

　　（2）各种振捣器的特点和适用范围。

　　1）插入式电动振捣器。分为硬轴振捣器和软轴振捣器，硬轴振捣器振捣棒直径 $\phi80\sim130$mm，激振力大，一般用于大体积混凝土；软轴振捣器的软轴长度一般为 3～4m，振捣棒直径 $\phi50\sim60$mm，软轴振捣器操作方便，激振力小，可用于钢筋密集的薄壁结构和空间狭小的金属结构埋件二期混凝土中。

2）平板振捣器。平板振捣器适用于护坦表面、闸室底板等平面。平面振捣器振捣后，表面较平整，石子不会外露，便于收仓抹光。

3）风动振捣器。风动振捣器构造简单耐用，激振力大，但需配置风管，操作不便，主要用于大体积混凝土中。

4）液压振捣器。液压振捣器以高压油泵为动力，一般以成组的形式装在平仓振捣机的机臂上，振捣棒直径 $\phi120\sim150mm$。液压振捣器激振力大，频率稳定，有利于混凝土密实均匀，也是多用于大体积混凝土中。

4.2.2.3 振捣器的效率和布置

（1）振捣器的生产效率。振捣器的生产效率和振捣的作用半径、激振力、振捣深度、混凝土和易性有关。目前尚没有精确的计算方法。施工时，可参照振捣器生产厂家提供的指标。对于插入式振捣器的生产效率，也可采用式（4.1）进行估算：

$$Q=2KR^2H\frac{3600}{t_1+t} \tag{4.1}$$

式中　Q——生产效率，m^3/h；

　　　K——振捣机的工作时间利用系数，一般取 0.8～0.85；

　　　R——振捣器的作用半径，m，一般为 0.36～0.6m；

　　　H——振捣器的深度，m，一般取振捣器厚度加上 5～10cm；

　　　t_1——振捣器移动一次所耗时间，s；

　　　t——在每一点的振捣时间，s。

（2）振捣器的布置。插入式振捣器振捣次序的排列有梅花形和方格形，如图 4.3 所示。

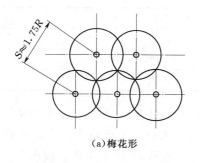
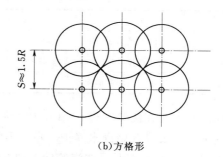

（a）梅花形　　　　　　　　　　（b）方格形

图 4.3　插入式振捣器振捣次序排列

振捣器的插入点应该整齐排列，插入间距为振捣器作用半径的 1.5 倍，并应插入下层混凝土 5～10cm。

4.2.2.4 施工要点

混凝土振捣施工作业时还需注意以下几点：

（1）振捣作业应依次序进行、插入方向、角度一致，防止漏振。

（2）振捣棒尽可能垂直插入混凝土中，振捣密实后缓慢拔出。

（3）振捣中的泌水应及时刮除，不得在模板上开洞引水自流。

4.3 混凝土养护与缺陷防治

4.3.1 混凝土养护

混凝土浇筑结束后，为保证其强度正常增长，应在一定的时间内保持适当的温度和湿度，称为混凝土养护。它是防止因水分蒸发过快而造成表层混凝土因缺水而停止水化硬结，出现片状、粉状剥落，并产生干缩裂缝，影响结构的整体性、耐久性，保证混凝土质量的必要措施。

4.3.1.1 混凝土养护要求

（1）混凝土浇筑完毕后，养护前宜避免太阳曝晒。

（2）混凝土应连续养护，养护期内始终使混凝土表面保持湿润。

（3）混凝土养护时间，不宜少于 28d，有特殊要求的部位宜适当延长养护时间。

（4）混凝土养护应由专人负责，做好养护记录。

4.3.1.2 混凝土养护方法

混凝土养护方法主要有洒水养护法、化学养护剂法、覆盖养护法、加热养护法、蓄热法等。

（1）洒水养护法。在自然气温高于 5℃ 的条件下采用水养护，水平面的水养护时多用草帘、锯末、麻袋等覆盖，经常洒水保持湿润。垂直面可用喷头自流或人工用胶管喷水养护。各种养护方法适用条件见表 4.4。

表 4.4 混凝土水养护方法分类和适用条件

分 类	适用（工作）条件
人工	浇洒半径为 5～6m，平面斜面均可，但耗水量大，用工多
旋喷	喷洒直径可达 20m，适用于平面，耗水量小，管理方便，但施工干扰大
自流	适用于斜面或侧面

塑性混凝土应在浇筑完毕 6～18h 内开始洒水养护，低塑性混凝土宜在浇筑完毕后立即喷雾养护，并及早开始洒水养护。在外界气温低于 5℃ 时，不得浇水，只需采取保温措施。当气温在 15℃ 左右时，在浇筑后最初 3d，白天应每隔 2h 浇水 1 次，夜间至少浇水 2 次。在以后养护期内，每昼夜至少浇水 4 次。水养护法简单、灵活、成本低是水工混凝土施工的常用方法。

（2）化学养护剂法。化学养护剂可分为成膜养护剂和非成膜养护剂。前者是指将溶液喷洒在混凝土表面上，溶液挥发后在混凝土表面凝结成一层薄膜，使混凝土表面与空气隔绝，封闭混凝土中的水分不再被蒸发，起到养护混凝土的作用；后者依靠渗透、毛细管作用，达到养护混凝土的目的。该方法适用于表面积大的混凝土施工或浇水养护困难的情况。

近年来，化学养护剂在工业与民用建筑工程中，应用发展很快。养护剂的品种很多，且在发展之中，现介绍其中一种 LP 养护剂。

LP 养护剂外观为乳白色乳状液体，最低成膜温度高于 5℃，使用前需中和、消泡、稀释，通常按下列配合比（体积）处理：LP 乳液 100，10%磷酸三钠（中和用）3～5，磷酸三丁酯适量（消泡用），水（稀释用）100～300。

施工注意事项：一般在混凝土表面已收水，呈湿润状态时进行；小面积喷洒可用喷雾剂，大面积需用压缩空气喷枪喷洒，其工作压力为 2～4kgf/cm²；喷洒后 3h 内，薄膜上不应行人或堆物。采用 LP 养护，保水效果显著，对相邻两层混凝土有隔离作用，宜用在侧面和不需要继续上升的顶面或过流面等部位。

（3）覆盖养护法。对已浇筑到顶部的平面和长时间停浇的部位，可以采用覆盖养护。覆盖养护是将养护材料直接覆盖在混凝土构件上，水分不再被蒸发，以起到养护的作用。该法优点是不必浇水，操作方便，养护材料能重复使用，能提高混凝土的早期强度，加速模具的周转。

常用的覆盖养护材料有砂土、稻草帘、聚合物片材，有时也采用模板覆盖。模板具有保温保湿的功效，对养护混凝土是有利的，其中以木模板最佳。覆盖养护时，要根据实际情况适当对混凝土补充水量。

（4）加热养护法。混凝土冬季施工常需要做加热养护。其常见养护方法主要有蒸汽养护法、电加热养护法、暖棚养护法、太阳能养护法等。加热法的工作原理是通过外界热源加热，使混凝土温度升高，缩短混凝土养护时间，保证混凝土在受冻前或规定期限内达到设计强度。

（5）蓄热法。蓄热法有一般蓄热法和综合蓄热法之分。一般蓄热法是利用自身水泥水化热供给热量，并在混凝土外表使用保温材料，让混凝土缓慢冷却，在破坏前达到强度要求。综合蓄热法是将混凝土的组成材料进行加热后再搅拌，在经过运输、振捣后仍具有一定温度，浇筑后的混凝土周围用保温材料严密覆盖。适用于结构表面系数较小或气温不太低时。

4.3.2 混凝土施工质量缺陷与防治

若混凝土浇筑不当，拆模后往往会出现质量缺陷。如发现有缺陷，应及时分析原因，采取适当措施加以补救。水利工程中混凝土的常见缺陷主要有麻面、蜂窝、孔洞、裂缝、露筋、错台等，此类缺陷可称为表面缺陷。还有一种常见的内在缺陷，主要表现为混凝土强度不足。

4.3.2.1 麻面

造成麻面的主要原因是模板表面粗糙、模板吸水、没有刷"脱模剂"、拼缝不严密而漏浆、近模板混凝土振捣不够或漏振等。对于浅层麻面，常采用钢丝刷对麻面进行打磨，使麻面部位与四周混凝土表面颜色顺接。对于较深的麻面，常用压力水清除麻面松软的表面至母体密实面，再用高标号的水泥砂浆或环氧树脂砂浆填满抹平，抹浆初凝后应及时进行养护。

为预防麻面的形成，混凝土浇筑前应将模板表面应清理干净，不得粘有干硬的水泥砂浆等杂物；模板缝隙应用油毡条、胶带纸、腻子等封堵严密；选用长效的模板隔离剂，并涂刷均匀完整；混凝土必须振捣充分。

4.3.2.2　蜂窝

蜂窝是指因混凝土材料配比不当，混合物搅拌不均匀，模板漏浆或者振捣不密实等原因导致骨料间有空隙，在结构构件中形成蜂窝状的窟窿。处理方法是将缺陷部位的松散骨料以及不密实的混凝土去除并冲洗干净，凿挖时四周宜凿成垂直状，并呈方形或圆形，且避免造成周边混凝土表面脱皮，凿挖的深度视缺陷架空的深度而定，原则上不小于 3cm。然后在凿挖处抹高标号水泥砂浆结合层，再用比原强度等级高一级的细石混凝土填塞，并人工捣实。

4.3.2.3　孔洞

孔洞是由于钢筋非常密集架空混凝土或漏振导致混凝土结构内部存在空隙，大部分或者完全没有混凝土的现象。多易发生在仓面的边角和拉模筋、架立筋较多的部位。处理方法是首先清除孔洞表面不密实的混凝土及突出和松动的骨料颗粒并冲洗干净，并保持 72h 湿润后，架设模板（必要时架设钢筋），用比原强度等级高一级的细石混凝土捣实。为了减少新旧混凝土之间的孔隙，水灰比可控制在 0.5 以内，并掺水泥用量万分之一的铝粉分层捣实，以免新旧混凝土接触面上出现裂缝，修补后及时加强养护。当孔洞较为隐蔽时，可用压力灌浆法进行修补。

4.3.2.4　裂缝

按混凝土裂缝形成的原因划分，裂缝的类别主要有干缩裂缝、温度裂缝和不均匀沉降裂缝。干缩裂缝是表面性的，宽度多在 $0.05 \sim 0.2$mm 之间。其走向没有规律性，这类裂缝一般在混凝土经一段时间的露天养护后，在表面或侧面出现，并随温度和湿度变化而逐渐发展。

温度裂缝多发生在施工期间，裂缝的宽度受温度影响较大，冬季较宽，夏季较窄。裂缝的走向无规律性，深进和贯穿的温度裂缝对混凝土有很大的破坏，这类裂缝的宽度一般在 0.5mm 以下。不均匀沉降裂缝多属贯穿性的，其走向与沉降情况有关，一般与地面呈 $45° \sim 90°$ 方向发展，裂缝的宽度与荷载的大小有较大的关系，而且与不均匀沉降值成比例。混凝土形成裂缝的原因较为复杂，应根据裂缝的种类分析原因。

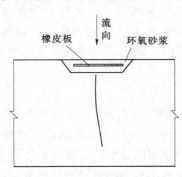

图 4.4　缝口贴橡皮示意图

当裂缝较细（$\delta < 0.3$mm）、较浅且所在的部位不重要时，可将裂缝加以冲洗，再用水泥砂浆、环氧树脂砂浆、聚氨酯类等材料进行喷涂。一般喷涂 2～3 遍，第 1 遍涂经稀释的材料，涂膜厚度不小于 1mm。当裂缝较宽（$\delta > 0.3$mm）、较深且部位重要（如溢流坝段）时，应沿裂缝凿去薄弱部分，然后用高标号水泥灌浆或化学灌浆。当裂缝宽度在 0.3mm 左右时，可以采用表面粘贴法或开槽粘贴法进行修补。尤其是挡水坝迎水面小面积裂缝时，采用缝口粘贴橡胶板处理方法效果较好，如图 4.4 所示。

4.3.2.5　露筋

露筋是构件内钢筋外露的现象。其主要原因是钢筋的垫块移位或漏放，使钢筋紧贴模板；振捣设备损坏钢筋；混凝土保护层处振捣不密实等。外露非受力钢筋头应予切除，并打磨到混凝土面以下 1～2mm，清洗干净后，用干硬性水泥砂浆进行修补。若主筋未被混凝土包裹而外漏，为保护钢筋和混凝土不受侵蚀，可用 1:1.2～1:2.5 水泥砂浆抹面修正。

4.3.2.6　错台

错台是指模板接缝不好，平整度要求不高或模板外支撑不稳固，混凝土浇筑过程中出现局部跑模、模板变形等原因形成的混凝土表面不平整的现象。

其处理措施有：

（1）错台宽度小于 1cm 的错台，处理方法为：直接进行打磨处理，先用合金磨光片快速打磨，预留 5mm 厚度，然后用砂轮磨光片打磨至设计轮廓，最后用砂纸磨光。

（2）错台宽度大于 1cm 的错台，对形成错台的部位，首先将突出的混凝土凿除，预留约 5mm 厚度，然后对预留的部位作打磨处理。磨除坡度：平行水流方向 1/30，垂直水流方向 1/20（现场看似平顺）。磨除后与成形混凝土平顺连接，最后用砂纸磨光。如表面观赏度不佳，打磨过的部位表面涂刷一层环氧胶泥。

4.3.2.7　强度不足

混凝土强度不足是指混凝土强度低于设计强度，其直接影响混凝土构件的安全。导致混凝土强度不足的原因主要有混凝土配合比设计、搅拌、现场浇筑振捣和后期养护等不符合规范要求。

其防治措施有：

（1）严格控制混凝土配合比，保证计量准确；混凝土按顺序拌制，保证搅拌时间和拌匀。

（2）防止混凝土早期受冻，冬期施工用普通水泥配制混凝土，强度达到 30% 以上，矿渣水泥配制的混凝土，强度达到 40% 以上，始可遭受冻结，按施工规定要求认真制作混凝土试块，并加强对试块的管理和养护。

（3）当混凝土强度偏低，可用非破损方法（如回弹仪法、超声波法）来测定结构混凝土实际强度，如仍不能满足要求，可按实际强度校核结构的安全度，研究处理方案，采取相应加固或补强措施。

【补强案例】

1. 丰满水电站大坝

丰满水电站大坝原设计混凝土标号低，施工质量差，加之运行年代较久，实测溢流面混凝土强度低于 10MPa。补强处理方案除预锚和上游面增设沥青混凝土防渗层外，还在坝体上、下游面增设高强度混凝土护面。护面厚度坝面为 100cm，闸墩为 60～120cm。先凿除表面松动破坏老混凝土，以风钻打 3～4m 深锚孔，灌水泥砂浆，打 $\phi20mm$ 锚筋，焊表层 $\phi16mm$ 钢筋网。

2. 云峰水电站大坝

云峰水电站大坝溢流面低强混凝土的补强措施与丰满水电站大坝相似。先以无声爆破剂将坝面低强混凝土凿去，再用 50cm 厚的钢筋混凝土补浇。所浇混凝土为 C30F300，并加入引气剂。锚孔深 150cm，面筋为 $\phi6@60×60$，用滑模浇筑。

4.3.3 大体积混凝土施工

我国规范规定混凝土结构物实体最小几何尺寸不小于 1m 的混凝土，或预计会因混凝土中胶凝材料水化引起的温度变化和收缩而导致有害裂缝产生的混凝土，称为大体积混凝土。而美国的规定是只要有可能产生温度影响的混凝土均称为大体积混凝土。可见，温控是大体积混凝土施工时面临的主要难题。

4.3.3.1 大体积混凝土的特点

大体积混凝土有以下特点：

（1）混凝土结构体积较大，在一个块体中需要浇筑大量混凝土。

（2）大体积混凝土常处于潮湿环境或与水接触的环境。

（3）大体积混凝土内部升温较高，内外温差大，易产生温度裂缝。

4.3.3.2 施工注意事项

为了最大限度地降低温升，控制温度裂缝，在工程中常用的防止混凝土裂缝的措施有：①采用中低热水泥品种；②对混凝土结构进行合理分缝分块；③在满足强度和其他性能的条件下尽量降低水泥用量；④掺适宜的外加剂；⑤对骨料进行遇冷处理；⑥控制混凝土的出机温度和浇筑温度；⑦采取表面保护、保温隔热等措施。

4.4 特殊季节混凝土浇筑注意事项

特殊季节混凝土浇筑主要是指混凝土冬季、夏季、雨季施工。

4.4.1 混凝土冬季施工

混凝土冬季施工时，若不采取保温防冻措施，其结构会遭到破坏，如强度、抗裂、抗渗、抗冻性能均低于正常值。新浇混凝土受冻越早、水灰比越大、强度损失会越大。

4.4.1.1 混凝土冻融破坏原理

当温度降到 0℃ 时，存在于混凝土中的水有一部分开始结冰，逐渐由液相（水）变为固相（冰）。因此，水化作用减慢，强度增长相应较慢。随着温度的继续下降，水泥水化作用基本停止，强度不再增长。水变为冰以后，体积增大，同时产生较大的冰胀应力。其冰胀应力值常常大于水泥石内部形成的初期强度值，使混凝土受到不同程度的破坏，还会在骨料和钢筋表面上产生颗粒较大的冰凌，减弱水泥浆与骨料和钢筋的黏结力，从而影响混凝土的强度。当冰凌融化以后，又会在混凝土内部形成各种各样的空隙，而降低混凝土的密实性和耐久性。

由此可见，在冬季混凝土施工中，对于预先养护期长，获得初期强度较高的混凝土受冻后，后期强度几乎没有损失。而对于预先养护期短，获得初期强度比较低的混凝土受冻后，后期强度都有不同程度的损失。

4.4.1.2 混凝土冬季施工要求

一般把遭受冻结，其后期抗压强度损失在 5% 以内所需的预养强度值为"混凝土受冻临界强度"。该值在大体积混凝土应不低于 7.0MPa，或成熟度不低于 18000℃·h（所谓成熟度是指混凝土养护温度与养护时间的乘积）；非大体积混凝土不低于设计强度的

85％。为防止新浇混凝土受冻，《水工混凝土施工规范》（DL/T 5144—2001）规定，日平均气温连续 5d 稳定在 5℃以下或最低气温连续 5d 稳定在－3℃以下时，按低温季节施工。低温季节施工时，必须编制专项施工组织设计和技术措施，以保证浇筑的混凝土满足设计要求。除工程特殊需要，日平均气温在－20℃以下时不宜施工。具体要求如下：

（1）低温季节，尤其在严寒和寒冷地区，施工部位不宜分散。

（2）已浇筑的有保温要求的混凝土，在进入低温季节之前，应采取保温措施。

（3）进入低温季节，施工前应先准备好加热、保温和防冻材料（包括早强、防冻外加剂），并应有防火措施。

4.4.1.3　混凝土冬季施工措施

由于受工期限制，许多工程的混凝土在冬季施工是不可避免的。因此，必须采取相应的冬季施工措施，以保证施工质量。

混凝土冬季施工的措施有：

（1）技术措施。

1）调整配合比法。主要适用于 0℃左右的混凝土施工。选择适当品种的水泥，应使用硅酸盐水泥（R 型）或快硬水泥，该品种水泥水化热较大，且在早期强度较高，效果较明显。尽量降低水灰比，水灰比不大于 0.6，一般水泥用量 $300kg/m^3$，从而增加水化热量，提高了混凝土早期强度。

2）掺外加剂法。在－10℃以上的气温中，对混凝土拌和物掺加一种能降低水的冰点的化学剂，使混凝土在负温下仍处于液相状态，水化作用能继续进行，从而混凝土强度能持续增长。目前常用的化学剂有氯化钙、氯化钠、硫酸钠、木质素磺酸钙等。但是，使用氯盐类早强剂必须慎重，以免钢筋与混凝土受到侵蚀破坏，可以适当添加阻锈剂。

在保持混凝土配合比不变的情况下，加入引气剂后生成的气泡，相应增加了水泥浆的体积，提高拌和物的流动性，改善其黏聚性及保水性，缓解混凝土内水结冰所产生的冰压力，提高混凝土的抗冻性。

（2）工程措施。混凝土冬季施工的工程措施主要从混凝土骨料加工、拌和、运输、浇筑、拆模等环节出发，以达到保证混凝土质量满足设计要求的目的。

1）骨料加热。低温季节混凝土拌和水宜先加热。当日平均气温稳定在－5℃以下时，宜将骨料加热。骨料加热方法，宜采用蒸气排管法，粗骨料可以直接用蒸气加热，但不得影响混凝土的水灰比。骨料不需加热时，应注意不要结冰，也不得混入冰雪。

2）骨料拌和与运输。拌和混凝土之前，应用热水或蒸汽冲洗拌和机，并将积水排除。混凝土的拌和时间应比常温季节适当延长，具体通过试验确定。已加热骨料和混凝土，宜缩短运距，减少倒运次数。

3）混凝土浇筑。在岩基或老混凝土上浇筑混凝土前，应检测表面温度，如为负温，应加热成正温，加热深度不小于 10cm 或加热至仓面边角（最冷处）表面正温（大于 0℃）为准，经检验合格后方可浇筑混凝土。仓面清理宜采用热风枪或机械方法，不宜采用水枪或风水枪。在软基上浇筑第一层基础混凝土时，基土不能受冻。混凝土的浇筑温度应符合设计要求，且温和地区不应低于 3℃；严寒和寒冷地区采用蓄热法不应低于 5℃，采用暖棚法不应低于 3℃。

4）混凝土拆模。在低温季节浇筑的混凝土，拆除模板应遵守下列规定：

a. 非承重模板拆除时，混凝土强度必须大于允许受冻的临界强度或成熟度值。

b. 承重模板的拆除应经过计算确定。

c. 拆模时间及拆模后的保护，应满足温控防裂要求，并遵守内外温差不大于 20℃ 或 2～3d 内混凝土表面温降不超过 6℃。

总之，混凝土冬季作业应做好施工组织上的合理安排，创造混凝土强度快速增长的条件；合理选择水泥品种、外加剂；延长混凝土的拌和时间；减少拌和、运输、浇筑中的热量损失；预热拌和材料；增加保温、蓄热和加热养护措施。

4.4.2 混凝土夏季施工

夏季气温较高，平均气温超过 30℃，混凝土运输过程中易早凝，有效浇筑时间短而易产生冷缝；若气温骤降或水分蒸发过快，易引起表面温度裂缝，从而破坏混凝土结构的整体性。所以按规范要求，当夏季气温超过 30℃ 时，混凝土生产、运输、浇筑等环节应采取夏季施工措施。夏季施工应采用如下措施：

（1）材料方面。采用低热水泥（如大坝水泥）；掺塑化剂、减水剂、粉煤灰或采用大级配混凝土、低流态混凝土以减少水泥用量；采用水化速度慢的水泥及掺缓凝剂以防止水化热的集中产生；遇冷骨料、用井水或用冰屑拌和以降低入仓温度；选择施工配合比时，提高混凝土的早期抗裂能力；还可通过在大体积混凝土内部埋设块石、建筑物不同部位采用不同标号的混凝土等方法降低混凝土的散热量。降温的措施不同，降温的效果差别较大。一般粗骨料可降至 0℃ 以下，拌和水可降至 2℃，砂子一般不进行降温处理。

（2）施工措施方面。可采取的措施有高堆骨料，廊道取料；缩短运输时间；运输中加盖防晒设施；在雨后或夜间浇筑；仓面喷雾降温；浇后覆盖保温材料防晒；合理选择浇筑块体积，开设散热槽；降低基础混凝土和老混凝土约束部位的浇筑层厚度（1～2m），并加大层间间歇时间（5～10d）；大体积混凝土预埋冷却管及加强水养护等。

预埋冷却管是将直径为 20～25mm 的钢管弯制成盘蛇状，按照水平、垂直间距 1.5～3m 预埋在混凝土中，待混凝土发热时通水冷却降温，如图 4.5 所示。

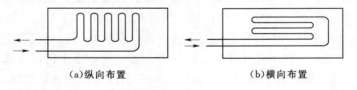

（a）纵向布置　　　　　　　　　　（b）横向布置

图 4.5　冷水管布置图

坝体中期通水冷却措施已在许多工程（隔河岩、三峡等）中应用。二滩工程中要求大坝混凝土一期冷却须将坝体温度降至 20～22℃，相当于初期冷却与中期冷却一次完成。实践表明，中期通水冷却对减小混凝土内外温度梯度、防止裂缝的发生有明显作用。

4.4.3 混凝土雨季施工

混凝土雨季施工也是混凝土施工过程中难免遇到的情况，如若处理不当，也会影响混凝土的浇筑效果，所以雨季施工也要采取相应的措施。首先，应当保证砂石料仓排水畅通，若露天堆放的骨料，应该用帆布、塑料薄膜等防水材料加以遮盖，并增加骨料含水率测定次数，及时调整拌和用水量；其次，运输工具应有防雨及防滑措施；最后，浇筑仓面应有防雨措施并备有不透水覆盖材料。

在小雨天气进行浇筑时，应适当减少混凝土拌和用水量和出机口混凝土的坍落度，必要时应适当缩小混凝土的水胶比；加强仓内排水和防止周围雨水流入仓内；做好新浇筑混凝土面尤其是接头部位的保护工作。

中雨以上的雨天不得新开混凝土浇筑仓面，有抗冲耐磨和有抹面要求的混凝土不得在雨天施工。在浇筑过程中，遇大雨、暴雨，应立即停止进料，已入仓混凝土应振捣密实后遮盖。雨后必须先排除仓内积水，对受雨水冲刷的部位应立即处理，如混凝土还能重塑，应加铺接缝混凝土后继续浇筑，否则应按施工缝处理。

总之，雨季施工应当及时了解天气预报，合理安排施工。

4.5 水 闸 施 工

水闸是一种低水头建筑物，可完成灌溉、排涝、防洪等多种任务。一般由上游连接段、闸室段和下游连接段三部分组成，如图 4.6 所示。其施工内容主要有地基开挖与处理、闸室施工（如底板、闸墩等）、上下游连接段施工（如护坦、海漫等）。混凝土工程是水闸施工中的主要环节，闸室是水闸的主体部位，现主要介绍闸室混凝土施工。

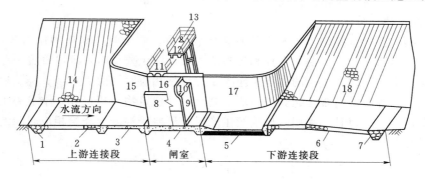

图 4.6　水闸组成示意图

1—上游防冲槽；2—上游护底；3—铺盖；4—底板；5—护坦（消力池）；6—海漫；7—下游防冲槽；
8—闸墩；9—闸门；10—胸墙；11—交通桥；12—工作桥；13—启闭机；14—上游护坡；
15—上游翼墙；16—边墩；17—下游翼墙；18—下游护坡

4.5.1　存在问题

长期以来，人们在设计水闸混凝土和钢筋混凝土结构时，往往偏重于结构形状和强度性能，而忽视了结构所处环境对结构的侵蚀作用，加之施工不善、管理运用不当等原因，造成部分水闸混凝土耐久性不良，过早地发生损坏，缩短了工程寿命，给水利建设事业带来巨大的损失。

当前我国水闸混凝土和钢筋混凝土结构，在耐久性方面还存在不少薄弱环节。主要是：①混凝土碳化问题比较普遍存在，尚未引起普遍重视；②沿海水闸受氯离子侵蚀而引起的钢筋锈蚀相当严重；③寒冷地区包括温和地区，混凝土冻融破坏值得注意；④尤其普遍而严重的是混凝土裂缝问题。裂缝的性质和分布大体有以下特点：①各地区，尤其是沿海地区锈胀裂缝比较普遍；②燥热地区、寒冷地区及气温变幅较大的地区，温度裂缝占较大比重；③由于设计荷载偏低、配筋不足、分缝分块不合理，过大的不均匀沉降及超载影响等因素引起的裂缝各地区都有发现，数字亦相当可观。

总的来说，混凝土裂缝已成为水闸混凝土耐久性中主要病害之一，有的在施工期出现，也有的在运行期出现。因此，要求水闸施工过程中注意划分浇筑块和合理选择浇筑顺序，以减少裂缝病害的发生。

4.5.2　浇筑块划分与浇筑顺序

4.5.2.1　模板

从当前我国水闸混凝土模板工程的实际用材情况看，一般仍以木模、木支架为主，少数采用钢模板，钢管脚手架，但从我国森林资源贫乏、木材供应短缺的情况和近代模板工程发展的趋势看，尽量少用木材是完全必要的。目前，国外模板工程已广泛使用胶合模板、塑料模板等新型材料，显示了较多的优越性，但国内使用的还不多。以往各地区在水闸混凝土模板工程中，积累了一些节省材料的经验，主要是采用代用材料和使用特种模板，如采用土模、滑模、翻模等。对于这些经验，应在保证混凝土质量和施工安全的原则下，按照具体情况适当选用。

4.5.2.2　浇筑块划分

闸室混凝土常被沉降缝、温度缝分为多个结构块，施工时应尽量利用永久接缝分块。若划分块的浇筑面积太大，混凝土拌和运输能力难以满足要求时，则可设置一些施工缝。

浇筑块的大小，即浇筑块的体积不应大于拌和站相应时间的生产量。浇筑块面积应保证混凝土浇筑过程中不出现冷缝。浇筑块的高度可视建筑物结构尺寸、季节施工要求及架立模板情况而定。若每日不采用三班连续生产时，还要受混凝土浇筑相应时间的生产量的限制，即满足下列要求：

$$H < \frac{Qm}{F} \tag{4.2}$$

式中　H——浇筑块高度，m；

$\quad\quad Q$——混凝土拌和站的生产率，m^3/h；

$\quad\quad F$——浇筑块平面面积，m^2；

$\quad\quad m$——每日连续工作的小时数，h。

4.5.2.3　混凝土的浇筑顺序

闸室的施工程序安排是否恰当，施工组织是否紧凑合理，对提高质量、保证安全、缩短工期、降低造价，有着十分重要的影响。施工中应根据工序先后、模板周转、供料强度及上下层、相邻块间施工影响等因素，确定各浇筑块的浇筑方式、浇筑次序、浇筑日期，以便合理安排混凝土施工进度。安排浇筑顺序时，应考虑以下几点：

（1）先深后浅。基坑开挖后应尽快完成底板浇筑。为防止地基扰动或破坏，应优先浇筑深基础，后浇筑浅基础，再浇筑上部结构。若先浇浅部位的混凝土，则在浇筑深的部位时，可能会扰动已浇部位的基土，导致混凝土沉降、走动或断裂。

（2）先重后轻。是为了给重的部位有预沉时间，使地基达到相对稳定，以减轻对邻接部位混凝土产生的不良影响。

（3）先高后矮。主要是为了平衡施工力量，加速施工进度。处于闸室中心的闸底板及其上部的闸墩、胸墙和桥梁，高度较大、层次较多、工作量较集中，需要的施工时间也较长，在混凝土浇完后，接着就要进行闸门、启闭机安装等工序，因而必须集中力量优先进行。其他如铺盖、消力池、翼墙等部位的混凝土，则可穿插其中施工，以利施工力量的平衡。

（4）先主后次。一般指先主体部位后次要部位，既考虑了施工安全，亦节省投资、缩短工期。但如遇到流沙、渗水特别严重的地基时，为避免地基破坏，节省地基处理费用，可以打破常规，抓住主要矛盾，先集中力量突击下部工程，以后再进行上部墩、墙和桥梁。

总之，施工中应按照具体情况，分清轻重缓急，合理确定施工程序。

4.5.3 闸底板施工

4.5.3.1 平底板施工

闸室底板属于大构件混凝土结构，为降低成本和减少水泥水化热温升，可沿深度方向划分特征层，每层分别采用不同品种的水泥。面层可采用抗磨性、抗侵蚀性比较好的普通水泥、硅酸盐水泥等；中间层可选用水化热比较低的粉煤灰水泥、矿渣水泥等。但是，不宜分层过多，否则会增大施工难度。

水闸平底板浇筑时，一般采用逐层浇筑法。水闸主体部位多为钢筋混凝土结构，当进行浇筑上层混凝土的准备工作时，可能扰动老混凝土中的钢筋，损害钢筋的握裹力，为保证质量，要求开始进行上层混凝土的准备工作时，下层混凝土需达到至少2.5MPa强度标准。但当底板厚度不大，拌和站的生产能力受到限制时，亦可采用斜层浇筑法。

运输混凝土入仓时，必须在仓面上搭设纵横交错的脚手架。混凝土撑柱间距视脚手架横梁的跨度而定，柱顶高程应低于闸底板表面，如图4.7所示。

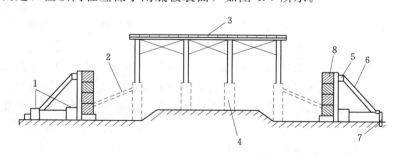

图4.7 底板立模与仓面脚手
1—地龙木；2—内撑；3—仓面脚手；4—混凝土柱；5—横围图木；6—斜撑；7—木桩；8—模板

由于施工中存在不可避免的振动影响，混凝土撑柱与周围混凝土难以结合紧密，该处易导致渗漏，为避免这种缺陷，一般在混凝土撑柱顶部接一短木柱，待混凝土浇筑结束后，将短木柱拔除，用混凝土填堵柱孔，并注意周围的捣实，使柱顶混凝土严密封闭。

底板混凝土的浇筑一般均先浇筑上、下游齿墙，然后再从一端向另一端浇筑。当底板混凝土方量较大时，且底板顺水流长度在 12m 以内时，可以安排两个作业组分层浇筑。首先，两组同时浇筑下游齿墙，待齿墙浇平后，将第二组调至上游齿墙，第一组则从下游向上游浇第一坯混凝土。混凝土分层浇筑，上下相邻两层错距不宜小于 1.5m。

当底板浇筑接近完成时，可将脚手架拆除，并立即把混凝土表面抹平，混凝土撑柱则埋入浇筑块内作为底板的一部分。

为了节省水泥，在底板混凝土中可埋入大块石，但应注意勿砸弯钢筋或使钢筋错位。

4.5.3.2　反拱底板施工

由于反拱底板对地基的不均匀沉降反应敏感，所以施工时常采用下列两种方法。

（1）先浇筑闸墩及岸墙后浇反拱底板。为减小水闸各部分在自重作用下的不均匀沉降，改善底板受力状态，在基底不产生塑性变形的条件下，将自重较大的闸墩、岸墙等先行浇筑，岸墙后的还土尽量填到一定高程，使墩、墙地基预压沉实，然后再浇反拱底板。在不影响施工总进度情况下，将预沉的和墩、墙与底板之间的预留接缝的时间尽可能延长。此法适用于黏性土或砂性土。

（2）反拱底板与闸墩岸墙底板同时浇筑。此法适用于地基较好的水闸，对于反拱底板的受力状态较为不利，但保证了建筑的整体性，同时减少了施工工序，便于施工安排。对于缺少有效排水措施的砂性土地基较为有利。

4.5.4　闸墩施工

闸墩的特点是高度大，厚度小、门槽处钢筋密、预埋件多、闸墩相对位置要求严格，所以闸墩混凝土浇筑是水闸施工中的关键环节。

4.5.4.1　闸墩模板安装

闸墩模板要求有足够的强度和刚度，才能保证闸墩混凝土浇筑一次性达到设计高程。闸墩模板安装常采用"铁板螺栓、对拉撑木"的立模支撑方法。近几年来，滑模施工也逐渐在工程中被广泛采用。

4.5.4.2　混凝土浇筑

闸墩模板立好后，随即进行清仓工作。用压力水冲洗模板内侧和闸墩底面，污水由底层模板上的预留口排出。清仓完毕堵塞小孔后，即可进行混凝土浇筑。

闸墩混凝土的浇筑施工要求每块底板上闸墩混凝土均衡上升，为此运送混凝土入仓时要做好组织，在同一时间运到同一底块各闸墩的混凝土量要大致相同。此外，要做好流态混凝土入仓及仓内铺筑工作。为防止流态混凝土自 8～10m 高度下落时产生离析，采用溜管运输，可每隔 2～3m 设置一组。由于仓内工作面窄，不利于人员走动，可把仓内浇筑划分成几个区段，每个区段内固定浇捣人员，每坯混凝土厚度控制在 20cm 左右。

4.5.4.3　混凝土养护

混凝土的养护工作，尤其是早期湿养护，对提高混凝土的密实性，增加混凝土的抗蚀、抗裂能力至关重要。就水闸混凝土而言，从性能要求看，湿养护时间不应太短，从施工条件考虑，又不能太长。在施工中，常在湿养护 2～3d 后，即暂停洒水，使混凝土表面干燥，以进行下一步准备工作，如放样、弹线、整理钢筋、凿毛等，以后再继续进行湿养护，结果使表层混凝土水化过程中断，对混凝土质量带来不利影响，应尽量避免。当受施工条件限制，难以完全保证连续养护时，应考虑采用养护剂或其他措施。

本 章 小 结

本章由混凝土施工工序出发，主要讲述了混凝土入仓铺料、平仓振捣、浇筑养护以及施工质量缺陷的防治和特殊季节施工注意事项。其中，混凝土振捣工序是关系混凝土施工质量的关键环节，而混凝土养护是混凝土后期强度达到设计要求的保证，这两部分内容是本章重点所在。此外，以目前建设较为广泛的水闸施工为例，简单介绍了闸底板和闸墩混凝土的浇筑过程。

通过本章的学习，能够使学生全面了解混凝土浇筑流程和养护方法，为后面的章节学习打下理论基础。

思 考 题

4.1　混凝土浇筑仓面准备工作有哪些？

4.2　常用的混凝土铺料方法有几种？如何选择？

4.3　混凝土振捣完全的标志是什么？

4.4　常用的混凝土养护方法有哪些？

4.5　如何防治混凝土裂缝出现？

4.6　大体积混凝土施工有什么注意事项？

4.7　混凝土冬、夏季施工应该采取什么措施以保证施工质量？

4.8　闸室混凝土施工如何划分浇筑块及浇筑顺序？

第5章 碾压混凝土施工

【学习目标】 熟悉选择碾压混凝土原材料与配合比；掌握碾压混凝土的运输与浇筑工艺；掌握碾压混凝土坝防渗要点。

【知 识 点】 碾压混凝土原材料和配合比、拌和物的性能要求。

【技 能 点】 能够掌握碾压混凝土施工铺筑工艺。

5.1 碾压混凝土简介

碾压混凝土是指将无坍落度的半塑性混凝土拌和物分薄层摊铺，并经振动碾压密实且层面返浆的混凝土。用碾压混凝土筑成的实体重力坝即碾压混凝土重力坝。碾压混凝土主要是改变了混凝土的施工方法，在混凝土的运输、摊铺、碾压上基本上是使用土石坝的施工机械，在施工组织上更接近于土石坝的施工。

5.1.1 碾压混凝土坝的发展

碾压混凝土筑坝技术是20世纪70年代末80年代初国际上发展起来的一种新的筑坝技术，至今已有30多年历史。到2008年年底，全世界30多个国家已建和在建的坝高15m以上的碾压混凝土坝共400余座，其中中国占180座。碾压混凝土筑坝技术具有工艺简单、上坝强度高、工期短、造价低、适应性强等特点，产生了巨大的经济和环境效益，在世界大坝建设中得到了大力发展和广泛应用，使得碾压混凝土坝成为最有竞争力的坝型之一。我国于1986年建成了第一座碾压混凝土坝——坑口重力坝，此后，碾压混凝土筑坝技术在我国得到了快速发展，无论理论研究或工程实践都有大量的创新与突破。碾压混凝土重力坝坝高由50多米发展到100m级、200m级，坝体碾压混凝土方量由4万余 m^3 发展到500万余 m^3；碾压混凝土拱坝高由75m级发展到100m级、130m级，坝体碾压混凝土方量由10万余 m^3 发展到50万余 m^3。我国已建成龙滩、光照等200m级碾压混凝土坝，其中龙滩水电站是最高的碾压混凝土大坝，最大坝高216.5m，坝顶长836.5m，坝体混凝土736万 m^3。

碾压混凝土用于临时性工程也具有相当大的优越性。1988年首先在岩滩上下游围堰和隔河岩上游围堰（拱形）上应用。水口、高坝洲、三峡碾压混凝土纵向围堰，也都经受了洪水考验，运行正常。在三峡导流方案中，三期横向围堰高120m，长572m，体积160万 m^3，必须在4～5个月内完成，平均月上升23m，月浇筑强度3918万 m^3，这样高的强度和速度，只能采用碾压混凝土施工。

5.1.2 碾压混凝土坝的特点

碾压混凝土坝与常态混凝土筑坝用振捣器插入振捣密实的方法不同，其主要特点是使用水泥含量低，高掺粉煤灰的干硬性混凝土，采用与土石坝相同的运输和铺筑设备，薄层摊铺振动碾压、层层上升填筑。这实质是把混凝土坝结构与材料和土石坝施工方法两者的优越性加以综合，经过择优改进，相结合而成的一种筑坝新技术。这种筑坝方式能节省水泥，有利于大规模机械化作业，因而能缩短工期，降低工程造价。与常态混凝土相比，碾压混凝土坝的优点和缺点如下。

5.1.2.1 优点

（1）进行流水化作业，大面积连续浇筑，提高混凝土的施工强度。

（2）利用原有混凝土施工配套系统，提高系统利用率，最大限度地发挥系统的工作能力，可缩短工期。

（3）最大限度地使用机械，提高机械化程度，减轻劳动强度，减少劳动力，提高施工质量。

（4）大量使用粉煤灰等掺合料，节约水泥用量，降低施工成本。

5.1.2.2 缺点

（1）施工工艺过程多，对模板的要求趋向于易拆装、单块面积大、强度高、宜调适的大模板。

（2）施工节奏快，对整个系统要求较高，施工中不能轻易延缓。

5.2 碾压混凝土的原材料与配合比设计

5.2.1 碾压混凝土的原材料

1. 水泥

水工碾压混凝土所用水泥的品种，宜选用硅酸盐水泥、普通硅酸盐水泥、中热硅酸盐水泥。可根据具体情况对水泥的矿物成分、含碱量等提出专门要求，固定厂家进行生产，并优先采用散装水泥。水泥标号不宜低于 42.5 号。每批水泥必须有出厂检验报告。运到工地后应按规定进行复检，必要时还应进行化学分析。水泥的运输、储存，必须按不同品种、标号及出厂编号分别运输和存放。运输及存放场地应有防雨及防潮设施，存放期超过 3 个月的水泥，使用前必须进行复检，并按复检结果使用。严禁使用结块的水泥。

2. 粉煤灰或其他掺合料

粉煤灰或其他掺合料是碾压混凝土不可缺少的组成材料。粉煤灰等混合材料对改善碾压混凝土的和易性和降低水化热具有显著效果。

碾压混凝土应优先掺入适量优质粉煤灰。如无粉煤灰资源时，可就近选择技术经济指标较合理的其他活性或非活性掺合料，如凝灰岩、磷矿渣、高炉矿渣、尾矿渣等，经磨细后掺和。粉煤灰或其他掺合料掺量应按其质量等级、设计要求及通过试验论证确定。

碾压混凝土已普遍采用大掺量粉煤灰，国内已施工的碾压混凝土坝粉煤灰掺量在 51%～70%。

3. 混凝土外加剂

掺入混凝土外加剂能改善和调节碾压混凝土的性能,是配制高品质碾压混凝土不可缺少的重要材料。根据碾压混凝土的设计指标、不同工程及施工季节的要求,混凝土掺用外加剂,不但能改善碾压混凝土性能,便于施工,而且能节约工程费用。

混凝土外加剂宜掺用复合外加剂,夏季施工宜选用缓凝减水为主的外加剂,有抗冻要求的混凝土应选用引气型外加剂。混凝土中外加剂其品种及掺量应通过试验确定。

4. 骨料

与常态混凝土一样,天然骨料和人工骨料,均可用于碾压混凝土。

粗骨料最大粒径尺寸和颗粒形状对材料分离影响很大。过于扁平的骨料不仅空隙多,用振动碾压时易呈水平状态而形成薄弱点。最大骨料粒径一般应小于铺料层厚度的 1/3,为减少分离,一般把最大粒径限定为 80mm。最大骨料粒径尺寸的选用应综合考虑碾压机械、铺料层厚度和材料分离等因素。

冲洗筛分骨料时,应控制好筛分质量,保证各级成品骨料符合要求。砂料宜质地坚硬,级配良好。人工砂细度模数宜在 2.2～2.9,天然砂细度模数宜在 2.0～3.0。应严格控制超径颗粒含量。使用细度模数小于 2.0 的天然砂,应经过试验论证。

砂中大于 5mm 颗粒的含量对细度模数影响敏感,应加以控制。通过工程实践及试验证明,人工砂中适当的石粉含量,能显著改善砂浆及混凝土的和易性、保水性,提高混凝土的均质性、密实性、抗渗性、力学指标及断裂韧性,石粉可用作掺合料,替代部分粉煤灰。适当提高石粉含量,亦可提高人工砂的产量,降低成本,增加技术经济效益,因此,合理控制人工砂石粉含量,是提高碾压混凝土质量的重要措施之一。掺加石粉含量17.6％的石灰岩人工砂、石粉含量 15％的花岗岩人工砂、石粉含量 20％的白云岩人工砂,碾压混凝土的各项性能均较优,说明不同岩性人工砂的石粉较最佳含量有差异,从通用性看,碾压混凝土石粉含量宜控制在 12％～22％。不同工程使用的人工砂的最佳石粉含量应通过试验确定,研究证实,石粉中小于 0.08mm 的微粒有一定的减水作用,同时可促进水泥的水化且有一定的活性。在实际生产中石粉中小于 0.08mm 的微粒含量难以超过10％,根据龙滩、百色、大朝山等工程的生产实际,石粉中小于 0.08mm 的微粒含量可以达到 5％以上,故规定不宜小于 5％。

骨料运输堆放时,应防止泥土混入和不同级配互混。骨料应有足够的储备量并设有遮阳、防雨及脱水设施。对砂的含水率控制要求比常态混凝土严格,拌和时砂子的含水率应不大于 6％。

5.2.2　碾压混凝土的配合比要求

碾压混凝土配合比设计采用低水泥用量、高掺合料、中胶凝材料、高石粉含量、掺缓凝减水剂、低 VC 值(表示稠度的参数)的技术路线,改善了拌和物性能,使碾压混凝土的可碾性、液化泛浆、层间结合、密实性、抗渗等性能得到了较大的提高,碾压混凝土的配合比应满足工程设计的各项技术指标及施工性能要求,具体包括:①混凝土拌和物质量均匀,施工过程中粗骨料不易发生分离;②VC 值适当,拌和物较易碾压密实,混凝土表观密度较大;③拌和物初凝时间较长,易于保证碾压混凝土施工层面的良好黏结，层面物理力学性能好；④混凝土的力学强度、抗渗性能、抗冻性能等满足设计要求，具有较高的拉伸应变能力。

根据我国已建和在建的碾压混凝土坝的配合比设计经验，配合比设计参数选择时可参考下列要求。

5.2.2.1 水胶比

水胶比的大小主要与碾压混凝土设计龄期、抗冻等级、极限拉伸值和掺合料掺量等有关。一般可选大坝内部碾压混凝土水胶比为 0.50～0.60，坝面防渗区水胶比为 0.45～0.55。

5.2.2.2 砂率

砂率大小影响混凝土的施工性能、强度及耐久性。人工骨料三级配砂率在 32%～34%，二级配砂率在 36%～38%。影响砂率的主要因素是砂的颗粒级配、石粉含量，大量工程实践证明，人工砂石粉含量对碾压混凝土性能影响显著。碾压混凝土砂率可按表5.1 初选，并通过实验最后确定。

表 5.1 　　　　　　　　　　　　碾压混凝土砂率初选 　　　　　　　　　　　%

骨料最大粒径 /mm	水 胶 比			
	0.4	0.5	0.6	0.7
40	32～34	34～36	36～38	38～40
80	27～29	29～32	32～34	34～36

注 1. 本表适用于卵石、细度模数为 2.6～2.8 的天然中砂拌制的 VC 值为 3～7s 的碾压混凝土。
　　2. 砂的细度模数每增减 0.1，砂率应增减 0.5%～1.0%。
　　3. 使用碎石时，砂率需增加 3%～5%。
　　4. 使用人工砂时，砂率需增加 2%～3%。
　　5. 掺用引气剂时，砂率可减小 2%～3%；掺用粉煤灰时，砂率可减小 1%～2%。

5.2.2.3 单位用水量

单位用水量的选定与混凝土的可碾性及经济性相关。碾压混凝土的单位用水量三级配在 $78～100kg/m^3$ 范围，二级配在 $83～110kg/m^3$ 范围，影响单位用水量的主要因素有 VC 值的大小，掺合料品质、细度，需水量比，骨料种类、粒形、颗粒级配，石粉性质及含量，以及气候条件等因素。

5.2.2.4 胶凝材料用量

施工实践表明，每立方米碾压混凝土胶凝材料用量低于 120kg 时，碾压混凝土的浆砂比明显降低，可碾性、液化泛浆及层间结合等施工性能差，对硬化后的碾压混凝土性能影响较大，硬化后的混凝土抗渗性能差。小型工程和临时工程可不受此限。为了保证配制出的碾压混凝土满足水工大体积混凝土抗渗要求，大体积永久建筑物碾压混凝土的胶凝材料用不宜低于 $130kg/m^3$。

掺合料用量应通过试验确定，永久建筑物碾压混凝土 F 类粉煤灰最大掺量不宜超过表 5.2 中的要求。掺量超过最大值时，应做专门试验论证。

表 5.2		F 类粉煤灰最大掺量		%（矿渣硅酸盐水泥 P·S·A）
大 坝 类 型		硅酸盐水泥	普通硅酸盐水泥	矿渣硅酸盐水泥（P·S·A）
碾压混凝土重力坝	内部	70	65	40
	外部	65	60	30
碾压混凝土拱坝		65	60	30

注 1. 本表适用于 F 类Ⅰ级、Ⅱ级粉煤灰，F 类Ⅲ级粉煤灰的最大掺量应适当降低，降低幅度应通过试验论证确定。
2. 中热硅酸盐水泥、低热硅酸盐水泥混凝土的粉煤灰最大掺量与硅酸盐水泥混凝土相同；低热矿渣硅酸盐水泥、火山灰质硅酸盐水泥、粉煤灰硅酸盐水泥混凝土的粉煤灰最大掺量与矿渣硅酸盐水泥（P·S·A）混凝土相同。
3. 本表所列的粉煤灰最大掺量不包含代砂的粉煤灰。

5.2.2.5 外加剂

外加剂在碾压混凝土中的作用越来越受到人们的重视。添加外加剂是改善混凝土性能最主要的措施之一，可以有效地改善混凝土的和易性等施工性能，降低单位用水量，减少胶凝材料用量，有利于温控和提高耐久性能。在碾压混凝土中掺用强缓凝高效减水剂，可以明显地延缓碾压混凝土凝结时间，提高碾压混凝土液化泛浆、可碾性及层间结合，加快施工速度。

5.2.3 拌和物的主要性质

5.2.3.1 和易性

碾压混凝土在其配合比优良的情况下和易性与干湿度关系密切，干湿度用 VC 值来表示。在一定的振动条件下，碾压混凝土的液化有一个临界时间，达到临界时间后迅速液化，这个时间间接表示碾压混凝土的流动性，称为稠度亦称 VC 值。

稠度是碾压混凝土拌和物的一个重要特性。对不同振动特性的振动碾和不同的碾压层厚度应有与其相应的混凝土稠度，才能保证混凝土的质量。

VC 值一般用维勃稠度仪试验测定。影响 VC 值的因素有用水量，粗、细骨料用量及特性，砂率及砂子性质，粉煤灰品种及质量，外加剂等。粗骨料用量多，液化出浆困难，VC 值增大，当粗骨料较多，而砂浆不足以填充其空隙时，将根本无法碾压密实。骨料最大粒径愈大，颗粒移动和重新排列需要的激振力愈大，VC 值亦愈大。砂率对碾压混凝土稠度的影响表现为：当用水量和胶凝材料用量不变时，随着砂率减少，VC 值减少；当砂率减少到一定程度后，再继续减少砂率，相应粗骨料用量增加，砂浆充满粗骨料空隙并泛浆到表面的时间增长，这样混凝土的稠度反而增大。

碾压混凝土 VC 值的大小应合适，既能承受住振动碾在其上行走不陷落，又不能过于干硬，以免振动碾难于甚至无法将其碾压密实。现代的碾压混凝土倾向于采用较小的 VC 值，一般 3~7s 较合适。

5.2.3.2 离析性

碾压混凝土的离析有两种形式：一是粗骨料颗粒从拌和物中分离出来，即骨料分离；二是水泥浆或拌和水从拌和物中分离出来，即泌水。在碾压混凝土中两者都会发生，但以前者居多。

骨料分离是由于拌和物各组分颗粒大小和密度的不同，在拌和、运输、卸料、平仓过程中，大的颗粒由于质量大而保持的动能大些，故大颗粒骨料容易分离，再加上碾压混凝土拌和物干硬、松散、灰浆黏附作用较小，所以极易发生分离。骨料分离的混凝土均匀性与密实性差，层间结合薄弱，水平碾压施工缝易漏水。

（1）改善骨料分离措施。优选抗分离性好的混凝土配合比，适当减少大颗粒石子的用量或增大砂率，可提高抗分离能力；多次薄层铺料一次碾压；减少卸料、装车时的跌落和堆料高度；采用防止或减少分离的铺料和平仓方法；在拌和机口和各中间转动料斗的出口，均应设置缓冲设施改善骨料分离状况。

泌水主要是在混凝土碾压完成后，水泥及粉煤灰颗粒在骨料之间空隙中下沉，水被排挤上升，从混凝土表面析出。泌水的危害在于：使碾压层上部水分增加，水灰比增大，混凝土强度降低，而下部正好相反，这样同一层混凝土出现"上弱下强"的现象，且均匀性降低。减弱上下层之间的层间黏结强度。水的上升途径将为渗漏水提供通道，降低了结构的抗渗能力。造成大颗粒骨料下表面水的聚集，形成硬化混凝土性能的薄弱区。

（2）减少泌水的措施。首先从配合比设计时予以控制，如选用适宜的砂率，掺优质粉煤灰减少水灰比，掺用外加剂等；拌和时严格按规定标准配合比配料拌和，特别要严格控制拌和用水量；此外严禁向积水中卸料、排铺，雨天施工时未碾压的拌和物须覆盖防雨。

5.2.3.3 表观密度

碾压混凝土的表观密度一般指振实密度，即碾压混凝土振实到接近配合比设计理论密度时的密度。碾压混凝土振实密度随着用水量和振动时间不同而变化。相同用水量的碾压混凝土，随着振动时间增加，密度增加；振动时间相同时，不同用水量的碾压混凝土，随着用水量的增加，密度增加。相应于最大密度的含水量为最优用水量。超过最优用水量后，密度反而下降。

施工现场一般用核子密度计测定碾压混凝土的表观密度来控制碾压质量。

5.2.3.4 凝结时间

由于碾压混凝土水泥用量少，粉煤灰掺量大，其拌和物凝结时间一般较常规混凝土凝结时间长。影响碾压混凝土拌和物凝结时间的主要因素有：水泥品种和用量、水胶比、环境温度、外加剂品种及粉煤灰掺量等。碾压混凝土拌和物初凝时间随粉煤灰掺量增加，随环境温度的提高而减少，随着 VC 值增加而减少，其中以温度的影响最为显著。

5.3　碾压混凝土施工工艺

5.3.1　铺筑前的准备

碾压混凝土施工的特点是快速、连续的高度机械化施工，整个生产系统的任一个环节出现故障、协调或不配套情况，都会影响工程进度及碾压混凝土施工特点的发挥。因此，碾压混凝土铺筑前，应对砂石料生产及储存系统、原材料供应、混凝土制备、运输、铺筑、碾压和检测等设备的能力、工况以及施工措施等，结合现场碾压试验进行检查，当其符合有关技术文件要求后，方能开始施工。

在凹凸不平的基岩面上，不便于进行碾压混凝土的铺筑施工，因此碾压混凝土铺筑前应浇筑一定厚度的垫层混凝土，达到找平的目的。

碾压混凝土宜采用能适应施工和连续施工的模板，并需满足振动碾能靠近模板碾压作业。因此，模板的选择和机械设备配备是同等重要的。模板设计应能够满足碾压混凝土快速、连续施工的要求，为了便于周边的铺筑作业，不宜设斜向拉条。止水、进出仓口和孔洞结构部位，是要求较高或容易出现问题的部位，在设计中应加以重视。下游面可采取台阶形式，但台阶高度不宜太小。

5.3.2　拌和运输

5.3.2.1　拌和

碾压混凝土的拌和设备与常态混凝土相同，搅拌碾压混凝土可以使用强制式、自落式以及连续式拌和机。强制式搅拌机适于拌制于硬性混凝土。根据国外施工经验及国内水口水电站导墙、观音阁水库大坝、江垭电站大坝的施工实践，用强制式搅拌机拌制碾压混凝土，不仅质量好，而且拌和时间短。根据国内外施工实践，自落式等其他类型的搅拌机也可拌制出质量好的碾压混凝土。

搅拌设备的称量系统应灵敏、精确、可靠，并应定期检定，保证在混凝土生产过程中，满足称量精度要求。检定称量系统，除了检查称量装置器件本身的精度外，还必须检查实际配料结果。

细骨料含水率的变化将明显影响混凝土拌和物的工作度及水胶比。现代化搅拌楼一般配备砂含水率快速测定装置，具备相应拌和水量调节补偿功能。

实践表明，混凝土拌和均匀所需时间受混凝土配合比、搅拌设备类型、投料顺序及拌和量的影响，故应通过拌和试验确定投料顺序和拌和时间。

5.3.2.2　运输

运输碾压混凝土宜采用自卸汽车（图 5.1）、皮带机、负压溜槽（图 5.2）、专用垂直溜管，运输机具应在使用前进行全面检查清洗。必要时也可采用缆式起重机、门式起重机、塔式起重机等机械。

1. 自卸汽车运输

自卸汽车直接入仓的方式是国内外工程常用的方法（图 5.1），是一种费用低廉的混凝土入仓方式，而且具有运输能力大、效率高、机动灵活、适应性强、中途无须转料等优点。汽车直接入仓后，还可以作为仓内的布料设备。采用自卸汽车运输混凝土时，车辆行走的道路必须平整；入仓前应将轮胎清洗干净，并防止将泥土、水带入仓内；在仓面行驶的车辆应避免急刹车、急转弯等有损混凝土层面质量的操作。

图 5.1　自卸汽车运输

为了防止运混凝土的汽车将泥土、污物等带进仓，运混凝土的汽车在入仓前必须用压力水冲洗轮胎和汽车底部（冲洗时汽车要走动 1～2 次），经冲洗后的汽车才允许经碎石脱水路面进仓。在临入仓前一定范围内设置碎石脱水路面，必须采用干净的块、碎石面层，并有良好的排水，防止汽车轮胎带水入仓。

2. 皮带机入仓

皮带机是一种连续运输的机械，对碾压混凝土的高速运输适应性较大。但皮带机运输，存在以下缺点：第一是混凝土产生分离，当皮带通过各个支撑托辊时产生振动，使之产生骨料分离；机头卸料时，由于离心力作用，使大骨料抛向外侧而分离；中间卸料时，刮板与皮带接合不紧密，产生浆体与骨料分离。第二是砂浆损失，由于皮带的粘挂，刮板不能刮干净，因而造成砂浆损失。第三是 VC 值损失，由于皮带上混凝土暴露面大，水分蒸发造成 VC 值损失。因此，采用皮带机运输混凝土时，应采取措施以减少骨料分离，采用适当的刮刀和清扫装置，降低灰浆损失率，并应有遮阳、防雨设施。

3. 负压溜槽

负压溜槽是一种结构简单的混凝土输送设备，它能够在斜坡上快速、安全地向下输送混凝土，尤其是适用于碾压混凝土。在碾压混凝土筑坝施工中，混凝土拌和物经汽车或皮带机输送至溜槽集料斗，然后由溜槽输送至仓面接料汽车，这样就能完成整个大坝的混凝土运输任务。

（1）负压溜槽结构。负压溜槽由受料料斗、垂直加速段、溜槽体和出料口弯头等部分组成，如图 5.2（a）所示。料斗由斗体和液动弧门组成。斗体容量为 $6\sim16m^3$。槽体是负压溜槽的主体部分，槽体截面如图 5.2（b）所示，由刚性槽体、柔性盖带和压带装置等组成。负压溜槽的负压大小决定于混凝土的流速，流速大小决定于开度 K（自然状态下过流断面最大高度 H 与刚性槽体半径 R 之比）。当需要调节不同的开度 K 时，可通过张紧或放松柔性盖带实现。混凝土在负压溜槽出口处的速度 V 一般为 $10\sim15m/s$（沿溜槽槽体轴线方向），如果直接泄出，会产生巨大冲击力，损坏仓内的受料设备，且物料容易飞溅，影响安全。增设弯头后，使混凝土改变流向，出口速度方向由沿槽体轴向变为垂直向下。

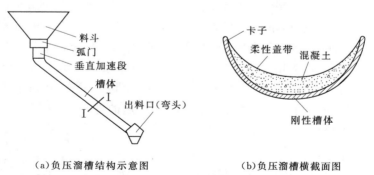

（a）负压溜槽结构示意图　　　　（b）负压溜槽横截面图

图 5.2　负压溜槽结构图

（2）负压溜槽的工作原理。在密封管道内通过定量流体，当外界条件发生变化时，管道内的压力同时发生变化。流速增大，压力减少；反之流速减小，压力增大。

当混凝土在负压溜槽内流动时，由于重力作用，流速逐渐增大，导致密封的溜槽内压力减小，与外界大气压力形成一定压差。由于压差作用，使混凝土速度减小时，密封溜槽

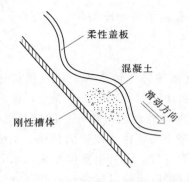

图 5.3　负压溜槽纵向剖面示意图

内压力增加，与外界大气压的压差减小，混凝土加速。图 5.3 所示为负压溜槽工作时的纵向剖面示意图。当不存在负压作用时，混凝土下行，只有与刚性槽体的摩擦力阻止混凝土下行（忽略柔性盖的重量），混凝土呈等截面下行。产生负压后，混凝土就非等截面下行，而是呈周期性波浪形下行。在僵滞力的作用下，混凝土呈波浪形下行，有力地保证了混凝土的运输质量。

负压溜槽结构简单，成本低廉、安装方便、运行可靠、不需要起重动力、维修费用低，使用负压溜槽可少修入仓道路、节省大量土石方工程量、缩短水平运距、简化施工程序、节省工程投资。负压溜槽这一新型的输送机具，已在荣地、广蓄、水东、普定、江垭、三峡等电站施工中得到成功应用。例如江垭工程碾压混凝土浇筑全部采用深槽皮带接负压（真空）溜槽入仓，最大入仓高度 73m，分两段接力入仓，最大单段高度 40m，倾角 47°，共浇筑混凝土 85 万 m³。普定工程碾压混凝土浇筑，部分采用负压（真空）溜槽入仓，入仓高度 40m，倾角 45°，共浇筑混凝土 5.31 万 m³。

各种运输机具在转运或卸料时，出口处混凝土自由落差均不宜大于 1.5m，超过 1.5m时，宜加设专用垂直溜管或转料漏斗。

5.3.3　平仓和碾压

5.3.3.1　平仓

碾压混凝土宜采用大仓面薄层连续铺筑或间歇铺筑，铺筑方法宜采用平层通仓法。也可采用斜层平推法、台阶法。铺筑面积应与铺筑强度及碾压混凝土允许层间间隔时间相适应。

1. 通仓薄层铺筑

碾压混凝土可采用大仓面薄层连续铺筑，铺筑方法可采用平层通仓法，碾压混凝土应按定方向逐条带摊铺，铺料条带宽根据施工强度确定，一般为 4~12m，铺料厚度为35cm，压实后为 30cm，铺料后常用平仓机或平履带的大型推土机平仓。为解决一次摊铺产生骨料分离的问题，可采用二次摊铺，即先摊铺下半层，然后在其上卸料，最后铺成35cm 的层厚。采用二次摊铺，料堆之间及周边集中的骨料经平仓机反复推刮后，能有效分散，再辅以人工分散处理，可改善自卸汽车铺料引起的骨料分离问题。当压实厚度较大时，也可分 2~3 次铺筑。

2. 斜层平推铺筑

通仓薄层（水平层）连续浇筑法存在仓面面积大而浇筑能力小的矛盾。使层间间隔时间难以大幅度削减。斜层平推铺筑法（图 5.4）可缩短层间时间间隔。施工实践表明，斜层平推法可以用较小的浇筑能力浇筑较大面积的仓面，即达到减少投入、提高工效、降低成本和改善层面结合质量的目的。在气温较高的季节，采取这

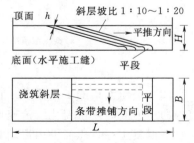

图 5.4　斜层平推铺筑法

种施工方法效果更为明显。

斜层坡度达 1∶10 左右时，可进行正常施工，坡度过陡，不易保证铺料厚度均匀。避免在坡腿部位形成薄层尖角和严格清除二次污染是保证斜层平推法施工质量的两个主要问题。因薄层尖角部位的骨料易被压碎，在坡脚伸出一个平段是避免形成薄层尖角的一个有效的方法。

碾压混凝土铺筑层应以固定方向逐条带铺筑；坝体迎水面 3～5m 内，平仓方向宜与坝轴线方向平行。采用自卸汽车直接进仓卸料时，应控制料堆高度，卸料堆旁出现的分离骨料，应在平仓过程中均匀散布到混凝土内。当压实厚度为 30cm 左右时，可一次平仓铺筑，为了改善分离状况或压实厚度较大时，可分 2～3 次铺筑。根据施工实践，压实厚 30cm 时，采用推土机将混凝土推离卸料位置平仓，可以达到较好的改善分离状态的效果。平仓后混凝土表面应平整，碾压厚度应均匀。

5.3.3.2 碾压

碾压混凝土不是通过振捣而是通过振动碾碾压压实，因此，振动碾压是保证碾压混凝土施工质量的关键工序。振动碾一方面利用自重压实，另一方面借助振动作用克服混凝土骨料的摩擦力，使砂浆进入骨料中的空隙之间，从而对混凝土进行压实。

一条带平仓完成后立即开始碾压（图 5.5），振动碾机型的选择，应考虑碾压效率、激振力、滚筒尺寸、振动频率、振幅、行走速度、维护要求和运行可靠性。振动碾作业行走速度为 1～1.5km/h，碾压遍数通过现场试验确定，一般为无振碾压 2 遍加振动碾压6～8 遍，边角部位采用小型振动碾压实。碾压方向尽量垂直水流方向，可避免碾压条带接触不良形成渗漏通道。迎水面 3～5m 内碾压方向一定要垂直于水流方向。

图 5.5 混凝土碾压

压实密度的数值是碾压混凝土是否压实的主要标志，故施工过程中应跟随碾压作业进行检测。《水工碾压混凝土规范》（DL/T 5112—2009）中规定：建筑物外部混凝土相对密实度不小于 98%，内部混凝土相对密实度不小于 97%。当所测密度低于规定指标时，可增加碾压遍数。无振碾压可以弥合细微的表面裂纹，故有些工程常采用先振动碾压，再无振碾压。

碾压混凝土入仓后应尽快完成平仓和碾压，从拌和加水到碾压完毕的最长允许历时，应根据不同季节、天气条件及 VC 值变化规律，经过试验或类比其他工程实例来确定，不宜超过 2h。

5.3.4 成缝

碾压混凝土一般采取几个坝段形成的大仓面通仓连续浇筑上升，坝段之间的横缝，为适应碾压混凝土坝大仓面快速施工的特点，碾压混凝土坝横缝的形成，除了在施工中必须采取立模的形式外，多采用由切缝机（图 5.6）切缝，或采用埋设混凝土预制板的方法形成。根据工程具体情况切缝机切缝有"先碾后切"和"先切后碾"两种方式，成缝面积不少于设计缝面的 60%。

5.3.5 层面、缝面处理

碾压混凝土坝的主要特点之一是具有大量的铺筑层面，特别是高坝。层面处理不善，不仅会影响到坝身的整体强度和防渗效果，对施工进度也有影响，层面抗剪强度过低甚至会影响到大坝安全。为了确保混凝土层间结合良好，必须对施工缝和冷缝进行缝面处理。

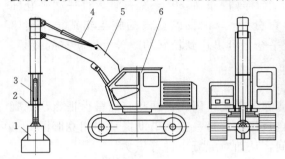

图 5.6　碾压混凝土切缝机

图 5.7　碾压混凝土刷毛

1—振动切缝刀片；2—刀片转盘；3—导向机构；
4—斗杆油缸；5—挖掘机大臂；6—挖掘机

缝面处理可用刷毛（图 5.7）、冲毛等方法清除混凝土表面的浮浆及松动骨料。层面处理完成并清洗干净，经验收合格后，先铺垫层拌和物，然后立即铺筑上一层混凝土继续施工。冲毛、刷毛时间可根据施工季节、混凝土强度、设备性能等因素，经现场试验确定。垫层拌和物可使用与碾压混凝土相适应的灰浆、砂浆或小骨料混凝土。灰浆的水胶比与碾压混凝土相同，砂浆和小骨料混凝土的强度等级应提高一级，砂浆的摊铺厚度为 1.0～1.5cm，并立即在其上摊铺碾压混凝土进行碾压。

5.3.6 碾压混凝土防渗结构

首先是碾压混凝土采用干硬性材料，级配差，含水量少，在运输、卸料和平仓过程中，易发生骨料分离，如果施工质量控制不严，碾压未压实致密，混凝土中将存在空隙；其次是碾压混凝土采用薄层碾压施工，仓面大，层面多，如果运输、拌和能力不满足要求，或受施工环境影等，层面将形成冷缝，在不处理或处理不好的情况下，层间缺乏连续性，很容易形成薄弱面。这些都使得碾压混凝土内部存在各种渗漏通道，从而导致碾压混凝土抗渗性能差。

防渗结构作为碾压混凝土坝的重点设计部位，其形式在不同国家、不同地区、不同时期不尽相同。碾压混凝土的防渗形式主要有"金包银"模式（浇筑常态混凝土）、浇筑变态混凝土防渗等类型。

5.3.6.1 常态混凝土浇筑

"金包银"（图 5.8）结构是较早采用的防渗结构形式，也是应用最广泛的一种结构。例如辽宁的观音阁、广西岩滩、河北桃林口、三峡 RCC 围堰、福建坑口采用的都是"金

包银"的防渗结构。这种结构的特点是在碾压混凝土
上游附近设置 1.5～3.5m 厚的常态混凝土作为防渗
体，防渗体与碾压混凝土同时施工。从实践的情况
看，常态混凝土经振捣后各项性能容易达到设计要
求，其结构密实，防渗层混凝土的强渗透各向均一，
结构的防渗效果较好。为保证异种常态混凝与碾压混
凝土交界面的结合质量，坝内常态混凝土宜与主体碾
压混凝土同步进行浇筑。

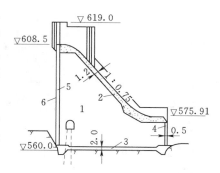

图 5.8 坑口碾压混凝土坝剖面图
1—碾压混凝土；2—钢筋混凝土；3—常态
混凝土；4—预制混凝土板；5—沥青砂
浆防渗层；6—预制钢筋混凝土板

　　常态混凝土和碾压混凝土的浇筑可采用"先常态
后碾压"或"先碾压后常态"的方法。两种混凝土在
交界处以斜坡交叉搭接，同时，对采用"先常态后碾
压"的办法施工的振动碾碾压范围要超过常态混凝土
20cm 以上，采用"先碾压后常态"的办法施工的，则要保证振捣器能斜插到先施工的碾
压混凝土斜面上。异种混凝土结合部位的处理如图 5.9 所示。

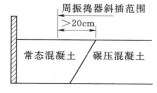

(a)先浇常态混凝土后铺筑碾压混凝土　　(b)先铺筑碾压混凝土后浇常态混凝土

图 5.9 异种混凝土结合部位的处理

　　"金包银"防渗结构施工时，常态混凝土的浇筑会干扰碾压混凝土的正常施工，异种
混凝土之间的接触难以达到良好效果，施工操作不便，且质量难以保证。因此变态混凝土
在国内的广西荣地、贵州普定、湖南江垭、河南石漫滩等多座碾压混凝土坝中得到广泛应
用，并取得了良好效果。工程中得到了广泛应用，取得了良好效果。

5.3.6.2 变态混凝土浇筑

　　变态混凝土主要是在未碾压混凝土料的表面上喷洒一定量的水泥粉煤灰浆 2～3 次，
使其具有可振性，再用插入式振捣器振动密实，形成一种具有常规混凝土特征的混凝土。
变态混凝土就具备常态混凝土的可振捣性能，同时又具备碾压混凝土施工快、强度高等优
势，保证浇筑质量。变态混凝土已获得广泛应用，效果都比较好，根据施工实践，铺洒灰
浆的碾压混凝土的铺层厚度可以与平仓厚度相同，以减少人工作业量，提高施工效率。为
保证变态混凝土的施工质量，可以通过人工辅助，两次铺料。加浆量应根据具体要求经试
验确定，与 VC 值有关，一般为变态混凝土量的 5%～7%。

　　为了保证质量，应准确标定铺洒灰浆用具的计量和对应的铺洒面积，并精心组织施
工，机械洒浆利于控制加浆量，确保加浆均匀。变态混凝土施工在碾压前进行，并在碾压
时搭接一定宽度才能保证变态区域和碾压区域的良好过渡结合，强力振捣是保证变态混凝
土均匀性、上下层结合以及与碾压区结合质量的必要措施，振捣器应插入下层混凝土

50mm 左右。

5.3.7　养护

碾压混凝土碾压后，必须进行养护，并采取恰当的防护措施，保证混凝土强度迅速增长，达到设计强度。在施工过程中，碾压混凝土的仓面要保持湿润，碾压混凝土终凝后即应开始洒水养护。对永久暴露面，养护时间不宜少于 28d。台阶状表面的棱角部位，容易发生裂缝，须加强养护。

5.3.8　特殊气象条件下的施工

5.3.8.1　雨天施工

雨天施工应加强降雨量测报工作，以便妥善安排施工进度。

当降雨量小于 3mm/h 时，可继续施工，但必须采取以下措施：拌和楼生产的碾压混凝土拌和物的 VC 值按上限选取，若降雨持续时间较长，可考虑将水灰比适当缩小。对已进仓的碾压混凝土快速平仓碾压，严禁未碾压好的混凝土拌和物长时间暴露在雨中。在岸坡上做排水沟，防止岸坡水流入施工仓面。

当降雨量大于 3mm/h 时，应暂停施工，并应立即通知拌和楼停机。对已进仓的混凝土若来得及平仓碾压时，则迅速完成后覆盖，若来不及碾压时，则应立即进行覆盖，待雨停后再作处理。

雨停后仓面未碾压的混凝土尚未初凝时可恢复施工。恢复施工时，应对仓面进行认真检查，挖除被雨浸入严重的混凝土，并排干平仓卸料区的积水，并处理到符合要求后开始卸料、平仓、碾压施工，同时继续排除其他区域积水，当然运混凝土车辆的车厢积水要倒掉。对受雨水冲刷严重的部位，应铺水泥粉煤灰浆或砂浆后再铺碾压混凝土。

5.3.8.2　高温条件下的施工

高温条件下碾压混凝土的施工，首先必须保证系统的正常运行，确保混凝土的浇筑强度，尽量缩短混凝土在途中的运输时间（对预冷的碾压混凝土更加如此），同时，车厢顶部应有遮阳的彩条布，甚至盖隔热被。混凝土进仓后，则要快速平仓，快速碾压，施工完毕立即覆盖，严禁混凝土卸料平仓后长时间不碾压。砂浆或水泥浆铺设更要快速，要及时覆盖碾压混凝土，严禁砂浆发干后再铺设碾压混凝土。

进行仓面喷雾是高温条件下降温加湿的一个非常有效的措施，做好这项工作，可降低环境气温 3~5℃。但要保证雾化效果，以防形成水滴，影响混凝土质量。

本　章　小　结

本章主要讲述了碾压混凝土的特点、配合比设计、施工流程等内容。碾压混凝土是指将无坍落度的半塑性混凝土拌和物分薄层摊铺，并经振动碾压密实且层面返浆的混凝土。碾压混凝土筑坝方式能节省水泥，有利于大规模机械化作业，因而能缩短工期，降低工程造价。配合比设计中主要确定水胶比、砂率、单位用水量三个参数，胶结材料用量符合要求，具用适当的 VC 值，为改善碾压混凝土性能加入适量的外加剂。碾压混凝土施工工艺流程为：准备工作—拌和—运输—卸料摊铺—平仓—碾压—养护。碾压混凝土运输设备有自卸汽车、皮带输送机、负压溜槽。此外，还讲述了碾压混凝土平仓与碾压要求。平仓：

通仓薄层（水平层）连续浇筑法存在仓面面积大而浇筑能力小的矛盾。使层间间隔时间难以大幅度削减。斜层平推法可以用较小的浇筑能力浇筑较大面积的仓面，即达到减少投入、提高工效、降低成本和改善层面结合质量的目的。碾压：无振碾压 2 遍加振动碾压 6～8 遍，边角部位采用小型振动碾压实。碾压方向尽量垂直水流方向。

思　考　题

5.1　简述碾压混凝土的施工工艺。

5.2　如何防止碾压混凝土的骨料分离？

5.3　碾压混凝土的施工特点是什么？

5.4　运输碾压混凝土的设备有哪些？

第6章 泵送混凝土施工

【学习目标】 熟悉选择泵送混凝土原材料与配合比；掌握泵送混凝土的施工工艺。

【知 识 点】 泵送混凝土的优缺点；泵送混凝土的原材料要求和配合比设计；泵送混凝土的性能。

【技 能 点】 会选择合适的混凝土泵送设备和布置输送管道。

6.1 泵送混凝土简介

泵送混凝土就是将预先搅拌好的混凝土，在混凝土泵压力的作用下，沿管道将混凝土输送到预定仓位。泵送混凝土以其显著的特点，已在工业与民用建筑工程中广泛应用。

在水利工程中混凝土泵浇筑主要用于工程量小、断面小、钢筋密集的薄壁结构、隧洞衬砌、导流孔封堵，以及其他设备不易达到的部位如隧道衬砌（拱），闸门槽二期混凝土及水下混凝土的浇筑等。随着混凝土泵车的出现及高效减水剂的成功掺用，泵送混凝土将在水电工程中得到越来越广泛的应用，也应用于较大体积的大坝和厂房等工程量较大部位的施工，特别是中、小型水电站施工中，该技术也被较多采用。例如黄河小浪底工程中已将混凝土泵车作为主体工程混凝土浇筑的工具，显示出其灵活的优势。

1. 特点

混凝土泵送施工有以下的特点：

（1）泵送混凝土设备单一，并且可同时进行水平方向和垂直方向运输，可直接入仓布料，简化混凝土浇筑程序，加快施工进度。

（2）机械化程度高，连续泵送，快速方便、节省劳动力、生产效率高。

（3）与其他施工机械的相互干扰小。在泵送的同时，输送管附近可以进行其他施工作业。

（4）泵送工艺对混凝土质量要求比较严格，也可以说泵送是对混凝土质量的一次检验。又由于泵送是连续进行的，泵送中混凝土不易离析，混凝土坍落度损失不大，因此容易保证工程质量。

（5）对施工作业面的适应性强，作业范围广，混凝土输送管道可以铺设到其他难以到达的地方，又能使混凝土在一定压力下充填浇筑到位，还可以把泵串联使用，以增大输送距离和高度，满足各种施工的要求。

（6）在正常泵送条件下，混凝土在管道中输送不会污染环境。在施工布置得当的条件下，能够降低工程造价。

2. 局限性

混凝土泵送施工方法也有一定的局限性，主要表现在以下几方面：

（1）混凝土的配合比除了应符合工程质量要求外，还要符合用管道输送的要求，如对于坍落度、混凝土骨料最大粒径、水泥及细骨料的比例等都有一定限制。

（2）泵送混凝土胶凝材料使用量较高，采用的砂率比较大，加大了混凝土材料成本。水泥用量大，拌和物坍落度大，水化热高，硬化过程及硬化后干缩量大，使用部位受到一定限制。

（3）混凝土级配受输送管管径和混凝土泵性能的限制，现阶段不能输送大级配混凝土。可浇筑三级配甚至四级配的、输送低坍落度的混凝土，混凝土输送泵是混凝土泵发展方向。

（4）混凝土泵操作人员要有一定的技术水平，不仅要掌握机械的使用与维护方法，还应懂得一些混凝土施工工艺方面的知识，能够判断混凝土的质量和可泵性。施工中，若出现输送管路堵塞后，不能及时排除会影响施工。

6.2 泵送混凝土原材料和配合比设计

6.2.1 泵送混凝土原材料
6.2.1.1 胶凝材料
1. 水泥

（1）水泥品种。为保证混凝土拌和物具有良好的泵送性能，要求使用的水泥必须使混凝土拌和物保水性好、泌水性小。泵送混凝土用水泥应选用普通硅酸盐水泥、矿渣硅酸盐水泥和粉煤灰硅酸盐水泥，不宜采用火山灰质硅酸盐水泥。其水泥质量应符合国家现行标准规定。普通硅酸盐水泥同其他品种水泥相比，具有需水量小、保水性能较好等特点，尤其对早期强度要求较高的冬季施工以及重要结构的高强混凝土。对于大体积混凝土，应优先采用水化热低的矿渣、粉煤灰硅酸盐水泥，并适当降低坍落度防止混凝土离析。使用矿渣硅酸盐水泥时，由于矿渣硅酸盐水泥保水性较差、泌水性较大，所以要采取适当提高砂率、降低坍落度、掺加粉煤灰、掺入混凝土泵送剂、提高保水性等技术措施后，再用于泵送混凝土。在冬季施工中，加入早强剂增加混凝土抗冻能力。

（2）水泥用量。泵送混凝土的水泥用量，除了满足混凝土强度及耐久性要求外还要考虑输送管道的要求。因为泵送混凝土是用灰浆来润滑管壁的，为了克服管道内的摩擦阻力，必须有足够水泥浆量包裹骨料表面和润滑管壁。水泥用量过少，混凝土拌和物的和易性较差，会使得泵送阻力增大，容易引起堵塞；水泥用量过多，不仅工程造价和水化热提高，而且使混凝土拌和物黏性增大，也会使泵送阻力增大引起堵塞，还容易使大体积混凝土产生稳定裂缝。

水泥用量与骨料品种、输送管径、输送距离都有直接关系。同样粒径、级配，人工破碎骨料要比天然砾石卵石用水泥多。输送距离越长、输送管径越小、要求混凝土的流动性、润滑性、保水性越高，所以水泥耗量越大。泵送混凝土的水泥用量不宜少于 $300kg/m^3$。有关试验结果表明：强度等级为 42.5MPa 的水泥配制 C30 泵送混凝土，适宜的水泥用量为 $380 \sim 420kg/m^3$；强度等级为 52.5MPa 的水泥配制 C30 泵送混凝土，适宜水泥用量为

$350 \sim 380 \text{kg/m}^3$。

2. 掺合料

为节约水泥、降低水化热、增加混凝土流动性、改善混凝土的泵送性能，泵送混凝土宜掺用适量粉煤灰或其他活性矿物掺合料。泵送混凝土中掺合料有硅粉、沸石粉、磨细矿渣粉和粉煤灰，其中粉煤灰为最常用的掺合料。粉煤灰的质量对混凝土的强度影响很大，优先使用Ⅰ级粉煤灰。

粉煤灰掺入混凝土拌和物后，不仅能使混凝土拌和物的流动性增加，降低混凝土的水化热，而且能减少混凝土拌和物的泌水和干缩程度。但会影响混凝土的早期强度、抗冻性等，故应通过试验，严格控制粉煤灰的最大掺量，根据所用水泥的品种、工程对象特点、施工工艺确定粉煤灰的最佳掺量。

6.2.1.2 骨料

1. 粗骨料

粗骨料采用卵石、碎石及卵碎石混合料均可用，但卵石混凝土泵送效果最佳，混合料次之，碎石稍差。骨料针片颗粒含量应控制在 10% 以内，针、片状颗粒形状的粗骨料，不仅降低混凝土稳定性，而且含量较高时，混凝土易产生离析、泌水和骨料外露现象，硬化混凝土的抗压强度随粗骨料针片状含量的增加而降低，一旦横在输送管道中，容易造成管道堵塞。

为防止泵送混凝土时管道堵塞，应控制粗骨料最大粒径与输送管径之比，骨料粒径要求见表 6.1。

表 6.1   粗骨料最大粒径与输送管道直径之比

粗骨料品种	泵送高度/m	粗骨料最大粒径与输送管道直径之比
碎石	50	≤1:3.0
	50~100	≤1:4.0
	>100	≤1:5.0
卵石	50	≤1:2.5
	50~100	≤1:3.0
	>100	≤1:4.0

粗骨料颗粒级配应连续、均匀、无超径石。级配良好的粗骨料，其孔隙率较小，对节约水泥砂浆和增加混凝土的密实度起很大作用。粗骨料粒型良好可使大颗粒的空隙由中颗粒填充，大中颗粒的空隙又由小颗粒来填充，这样互相补充，孔隙率达到最小，可以减少水泥用量。

2. 细骨料

混凝土拌和物之所以能在输送管中顺利流动是由于砂浆润滑管壁而骨料悬浮在灰浆中的缘故，因而细骨料对混凝土泵送能力的影响比粗骨料大，必须使细骨料有良好的级配。砂子的质量与普通混凝土要求相同，细骨料对混凝土拌和物的泵送有较大影响。细骨料可分粗砂、中砂和细砂三类。其中中砂的可泵性最好，使用细砂，需要增加混凝土中水泥和水的用量，加速泵机磨损，用粗砂容易产生离析，导致管路堵塞。要求选用粒径级配良好的中砂，通过 0.315mm 筛孔的砂不少于 15%。

6.2.1.3 外加剂

用于泵送混凝土的外加剂，主要有泵送剂、减水剂和引气剂三大类，对于大体积混凝土，为防止收缩裂缝有时还参加适量的膨胀剂。外加剂对泵送效果的影响主要有含气量、减水率、坍落度三个方面。

混凝土泵送剂是根据泵送混凝土的施工工艺、气候条件和水泥品种等工程实际需要配制而成的一种复合型外加剂，主要由减水剂组分和其他功能外加剂复合而成。能大大提高拌和物的流动性，并能较长时间保持拌和物流动性，能使混凝土经过压力输送后仍保持良好的和易性，不离析不泌水。

减水剂可以减少混凝土拌制的用水量、降低水灰比是提高混凝土强度的重要手段，一般都减少用水量 15% 左右。效果有：①保持坍落度不变，掺减水剂可降低单位混凝土用水量 5%～25%，提高混凝土早期强度；②保持用水量不变，掺减水剂可增大混凝土坍落度 10～20cm；③保持强度不变，掺减水剂可节约水泥用量 5%～20%。如 C30 混凝土，若水泥用量在 400kg，水灰比 0.5，则用水量应为 200kg，减水率 15%，减少 30kg 用水，实际用水 170kg，则水灰比就变为 0.42，而强度等级则上升 10% 以上。

引气剂是在混凝土搅拌过程中，能引入大量分布均匀的稳定而密封的微小泡，以减少拌和物的泌水离析、改善和易性。常用引气剂主要有松香树脂类，如松香热聚物、松香酸钠等。掺用引气剂型外加剂的泵送混凝土的含气量不宜大于 4%。泵送混凝土中适当的含气量可起到润滑的作用，对提高混凝土的和易性和可泵性有利，但含气量过大，在泵送时这些空气在混凝土中形成无数细小的可压缩体，吸收泵压达到高峰阶段的能量，降低泵送效率，严重时会引起堵泵，还会引起混凝土强度下降。一般情况下，含气量提高 1%，混凝土强度下降约 6%，故对含气量应加以限制。

6.2.2 混凝土可泵性

由于泵送混凝土与传统的混凝土施工方法不同，所以对混凝土的要求也不一样，不但要满足设计规定的强度、耐久性等，还要满足管道输送对混凝土拌和物的要求，即混凝土拌和物应有良好的可泵性。不是任何一种混凝土拌和物都能泵送，不能用随意配方得到的混凝土在泵机上作输送实验，否则将造成故障。泵送性能指标包括：坍落度、扩展度和摩擦阻力（表征流动的难易程度），压力泌水值（表征流动的稳定程度）。

6.2.2.1 可泵性定义

所谓可泵性是指混凝土拌和物具有顺利通过管道，摩擦阻力小，不离析，不阻塞，黏聚性好的性能。混凝土的可泵性主要取决于混凝土拌和物本身的和易性。为了顺利进行泵送，要求泵送混凝土有一定的流动性，但流动性大的混凝土其可泵性并不一定好，流动性过大会对混凝土带来泌水、离析等质量问题，甚至会使混凝土丧失可泵性，所以，在原材料选择和配合比方面要认真，配置出可泵性良好的混凝土拌和物。

泵送混凝土的可泵性可用压力泌水仪试验结合施工经验进行控制，即以其 10s 时的相对压力泌水率 S_{10} 不超过 40%，按此配出的混凝土拌和物在泵送过程中，不离析、黏塑性良好、摩阻力小、不堵塞，能顺利沿管道输送。

相对泌水率 S_{10} 可由式（6.1）计算：

$$S_{10}=\frac{V_{10}}{V_{140}} \tag{6.1}$$

式中　S_{10}——混凝土拌和物加压至 10s 时的相对泌水率，％，S_{10} 取三次试验结果的平均值，精确到 1％；

V_{10}，V_{140}——混凝土拌和物加压至 10s 和 140s 时的泌水量，mL，V_{10}，V_{140} 均取三次试验结果平均值，精确到整数位。

在泌水试验中发现，对于任何坍落度的混凝土拌和物，开始 10s 内的出水速度很快，140s 后泌水体积很小，所以 V_{10}/V_{140} 可以代表混凝土拌和物的保水性能，其值越小，表明混凝土拌和物的可泵性越好，反之则可泵性不良。

6.2.2.2　提高可泵性的方法

1. 选用合适的混凝土水灰比

在保证设计强度要求的原则下，水灰比要尽量合适。水灰比小，即每立方米混凝土水泥用量增多，混凝土流动性较差，可泵性差；如果水灰比大，即每立方米混凝土水泥用量减少，混凝土流动性好，但是混凝土保水性差，会使输送压力中断而引起输送管堵塞。泵送混凝土的水灰比宜为 0.4～0.6，有利于提高混凝土的强度。水灰比过低，流动阻力显著增大。水灰比大于 0.6 时，混凝土拌和物离析，混凝土的可泵性变差。

2. 选择合适粒径、级配和粒型的粗骨料

粗骨料颗粒级配应连续、均匀、无超径石，并应控制粗骨料最大粒径与输送管径之比。

3. 选择合适砂率

最佳砂率是指在保证混凝土强度和可泵性的情况下，水泥用量最小时的砂率。影响砂率的因素有：

（1）集料的粒径。随着集料最大粒径的增大，砂率即降低。

（2）粗骨料的种类。碎石混凝土的砂率，比卵石混凝土大。

（3）细骨料的粗细程度。用细砂时的砂率，较粗砂大。

（4）水泥用量。随着水泥用量的增大，砂率即降低。

砂率低的混凝土和易性差，变形困难，不易通过泵管，易产生堵塞。为此砂率宜为 30％～45％。

4. 选择合适管道和泵送压力

管道对混凝土泵送的影响，主要表现在管道内壁表面是否光滑、管道截面变化情况和管线方向是否改变等三个方面。混凝土混合料和管道内壁之间的摩擦力，直接影响到混凝土泵的压力。混凝土拌和物在管内输送的过程中，当改变管线方向或输送管道截面由大变小时，将产生较大的摩擦阻力，对混凝土泵送不利。所以泵送混凝土的管道弯头越少越好，在整个泵送管路系统中最好采用相同直径的管道。在进行泵送混凝土时，泵送的压力必须大于混凝土拌和物在管壁上的抗剪力。

5. 添加掺合料和外加剂

泵送混凝土应掺加适量粉煤灰、外加剂，简称"双掺"。采用"双掺"技术是改善混凝土拌和物可泵性的重要手段。特别在水泥用量较小时掺加粉煤灰是提高混凝土灰浆量，在相同坍落度下改善混凝土和易性的有效手段。

泵送混凝土中适当的含气量起到润滑作用，可提高混凝土拌和物的和易性和可泵性，但含气量过大则会使混凝土强度下降。

6.2.3 泵送混凝土配合比设计

泵送混凝土配合比设计除必须满足设计强度、耐久性的要求外，尚应使混凝土具有良好的泵送能力。并应根据混凝土原材料、混凝土运送距离、混凝土泵与混凝土输送管径、泵送距离、气温等具体施工条件试配，必要时，应通过试泵送确定混凝土配合比。

6.2.3.1 水灰比

泵送混凝土的用水量与胶凝材料总量之比不宜大于 0.6。泵送混凝土的水灰比除对混凝土强度和耐久性有明显影响外，对泵送黏性阻力也有影响。试验表明：当水灰比小于 0.45 时，混凝土的流动阻力很大，泵送极为困难。当水灰比超过 0.6 时，会使混凝土保水性、黏聚性下降而产生离析，易引起堵泵。因此，泵送混凝土水灰比选择在 0.45～0.6，混凝土流动阻力较小，可泵性较好。

6.2.3.2 砂率

在泵送混凝土中，砂浆不仅填满石子之间的空隙，而且在石子之间起润滑作用。合适的砂率，减小了骨料内摩擦，降低了塑性黏度，提高了保水性能，并且空隙率低，混凝土可泵性好。因此，选择合理砂率可提高泵送混凝土的泵送性能。增大砂率可改善混凝土可泵性，但砂率过大不仅会使混凝土的用水量增加，而且还将影响硬化混凝土的技术性能，因此，在保证混凝土强度、耐久性和可泵性的前提下，尽量选择混凝土最佳砂率。

影响砂率的因素很多，主要有：①骨料的粒行，粒径增大砂率降低；②粗骨料的种类，卵石所需砂率比碎石的大；③细骨料的粗细，细砂所需砂率比粗砂的大；④水泥用量，水泥用量多则砂率低。根据施工经验，砂率一般选择 35%～45% 为宜。

如无使用经验，可按骨料品种、规格及混凝土是否掺加气剂，参考表选用。因为该表为坍落度不大于 60mm，且不小于 10mm 的混凝土砂率；坍落度不小于 100mm 的混凝土砂率可在该表的基础上，按坍落度每增大 20mm，砂率增大 1% 的幅度予以调整。配制大流动性泵送混凝土时，砂率易提高至 40%～43%（中砂）为佳，对薄壁构件砂率取大值。砂率初选可参考表 6.2。

表 6.2   砂 率 选 用 参 考 表

粗骨料最大粒径 /mm	掺加气剂混凝土砂率/%		不掺加气剂混凝土砂率/%	
	卵石	碎石	卵石	碎石
15	48	53	52	54
20	45	50	49	54
30	42	45	45	49
40	40	42	42	45

6.2.3.3　混凝土坍落度

泵送混凝土坍落度，是指混凝土在施工现场入泵泵送前的坍落度。混凝土坍落度对混凝土的可泵性非常重要，决定了未凝固混凝土的使用性和变形能力。它主要取决于混凝土中水泥用量、骨料成分、细料的比例、加入的水量，但主要影响因素是混凝土的水灰比。

泵送混凝土坍落度，试配时可用式（6.2）进行初步计算：

$$T_l = T_V + \Delta T \tag{6.2}$$

式中　T_l——试配时混凝土要求的坍落度；

　　　T_V——混凝土入泵时要求的坍落度，见表 6.3；

　　　ΔT——试验测得在预计时间内的坍落度损失，见表 6.4。

表 6.3　　　　　　　　　　　不同泵送高度混凝土坍落度

泵送高度/m	30 以下	30～60	60～100	100 以上
坍落度/mm	100～140	140～160	160～180	180～200

表 6.4　　　　　　　　　　　混凝土坍落度损失值

大气温度/℃	10～20	20～30	30～35
混凝土经时坍落度损失值/mm （掺粉煤灰和木钙，经时 1h）	5～25	25～35	35～50

注　掺粉煤灰与其他外加剂时，坍落度经时损失值可根据施工经验或通过试验确定。

要合理选择坍落度值，坍落度过小的混凝土拌和物，泵送时吸入混凝土缸较困难，进行泵送时应用较高的泵送压力，坍落度过大的混凝土拌和物，在管道中滞留时间长，泌水多，容易产生离析而形成阻塞。

泵送混凝土的坍落度应根据工程具体情况而定，如水泥用量较少、坍落度相应减小；用布料杆进行浇筑，或者管路转弯较多时，由于弯管接头多，压力损失大，宜适当加大坍落度；向下泵送时，为防止混凝土因自身下滑引起堵管，坍落度宜适当减小；向上泵送时，为避免过大的倒流压力，坍落度也不宜过大。并要考虑混凝土原材料、搅拌和运输时间、浇筑速度和时间对坍落度的影响。

泵送混凝土的坍落度不宜小于 10cm，对于各种入泵坍落度不同的混凝土，其泵送高度不宜超过表 6.3 的规定。

6.3　泵送混凝土设备及管道的选择和布置

6.3.1　泵送混凝土设备与管道类型

6.3.1.1　泵送混凝土设备的类型

1. 混凝土泵分类

（1）混凝土泵按驱动形式有活塞泵、气压泵和挤压泵等几种不同的构造和输送形式，目前应用较多的是活塞泵。活塞泵按其构造原理的不同，又可以分为机械式和液压式两种。目前大都是液压式活塞泵。而液压式活塞泵按推动活塞的介质不同，又可以分为水压式和油压式两种，大多数为油压式。不同混凝土泵的泵送原理见表6.5。

表 6.5 混凝土泵类型及工作原理

类别		泵 送 原 理
活塞泵	机械式	动力装置带动曲柄使活塞往返动作，将混凝土送出，如图6.1所示
	液压式	液压装置推动活塞往返动作，将混凝土送出，如图6.2所示
挤压泵		泵室内有橡胶管及滚轮架，滚轮架转动时将橡胶管内混凝土压出，如图6.3所示
隔膜泵		利用水压力压缩泵体内橡胶隔膜，将混凝土压出，如图6.4所示
气罐泵		利用压缩空气将贮料罐内的混凝土吹压输送出，如图6.5所示

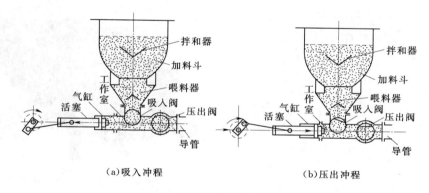

（a）吸入冲程　　　　（b）压出冲程

图 6.1　机械式混凝土泵

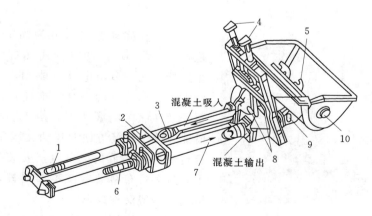

图 6.2　液压活塞式混凝土泵

1—主油缸；2—洗涤室；3—混凝土活塞；4—滑阀缸；5—搅拌叶片；
6—主油缸活塞；7—输送缸；8—滑阀；9—Y形管；10—料斗

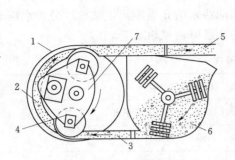

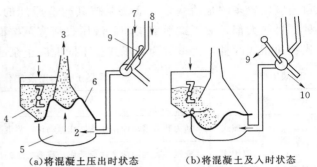

图 6.3　挤压式混凝土泵

1—泵室；2—橡胶软管；3—吸入管；
4—回转滚轮；5—导管；6—料斗；
7—滚轮

图 6.4　隔膜式混凝土泵

1—进料；2—压送；3—泵出；4—搅拌器；5—泵体；6—隔膜；
7—水从水箱来；8—水从水泵来（此时 10 关闭）；9—四通阀；
10—水泵将水抽出（此时 7、8 封闭）

(a)将混凝土压出时状态　　(b)将混凝土及入时状态

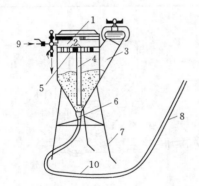

图 6.5　气罐式混凝土泵

1—贮气间；2—气孔；3—装料口；4—风管；
5—隔板；6—出料口；7—支架；8—注浆管；
9—进气口；10—输料软管

图 6.6　固定式混凝土泵

图 6.7　拖挂式混凝土泵

（2）按移动方式可分为固定式（图 6.6）、拖挂式（图 6.7）和自行式（图 6.8）。固定式系原始形式，多由电动机驱动，适用于工程量较大、移动较少的场合；拖挂式混凝土泵是把泵安装在简单的底架上，由于装有车轮，所以既能在施工现场方便地移动又能在道路上托运；自行式混凝土泵是把泵直接安装在汽车的底盘上，且多带布料装置或称布料杆，这种形式的输送泵一般又称泵车。

（3）按活塞数量分为单活塞（单缸）式和双活塞（双杠）式。

（4）按混凝土泵管口处压力大小可分为高压泵（$P > 16.0$MPa）、低压泵（$P < 10.0$MPa）和中压泵（10.0MPa$\leq P \leq 16.0$MPa）。

图 6.8 自行式混凝土泵车

（5）按混凝土排量可分为小排量（$Q \leqslant 40\text{m}^3/\text{h}$）、中排量（$Q = 50 \sim 60\text{m}^3/\text{h}$）、大排量（$Q > 60\text{m}^3/\text{h}$）。

2. 液压活塞式混凝土泵

工程上使用较多的是液压活塞式混凝土泵，它是通过液压缸的压力油推动活塞，再通过活塞杆推动混凝土缸中的工作活塞来进行压送混凝土。

图 6.9 所示为 HBT60 拖式混凝土泵示意图。它由混凝土泵送系统、液压操作系统、混凝土搅拌系统、油脂润滑系统、冷却和水泵清洗系统以及用来安装和支承上述系统的金属结构车架、车桥、支脚和导向轮等组成。其中混凝土泵送系统如图 6.2 所示，由左、右主油缸、搅拌叶片、洗涤室、混凝土活塞、输送缸、滑阀及滑阀缸、Y 形管、料斗等组成。

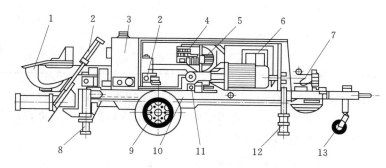

图 6.9 HBT60 拖式混凝土泵

1—料斗；2—集流阀组；3—油箱；4—操作盘；5—冷却器；6—电器柜；7—水泵；8—后支脚；
9—车桥；10—车架；11—排出量手轮；12—前支腿；13—导向轮

泵送系统工作过程：当压力油进入右主油缸无杆腔时，有杆腔的液压油通过闭合油路进入左主油缸，同时带动混凝土活塞缩回并产生自吸作用，这时在料斗搅拌叶片的助推作用下，料斗的混凝土通过滑阀吸入口，被吸入输送缸，直到右主轴油缸活塞行程到达终点，撞击先导阀实现自动换向后，左缸吸入的混凝土再通过滑阀输出口进入 Y 形管，完成一个吸、送行程。由于左、右主油缸是不断地交叉完成各自的吸、送行程，这样，料斗里的混凝土就源源不断地被输送到达作业点，完成泵送作业。

3. 混凝土泵车

混凝土泵车是装备有混凝土输送泵和输料管道，利用这些装置对混凝土进行泵送和浇筑的专用汽车，也称为混凝土输送泵车。它是将混凝土泵安装在汽车底盘上，并用液压折叠式臂架管道来运输混凝土，不需要在现场临时铺设管道。

6.3.1.2 泵送混凝土输送管道

混凝土输送管包括直管、弯管、锥管、布料软管，混凝土输送管管径规格见表 6.6 和表 6.7。要求阻力小、耐磨损、质量轻、易拆装、密封好。

表 6.6 泵送混凝土管径规格

类 别		规 格
直管	管径/mm	100、125、150、175、200
	长度/m	4、3、2、1
弯管	水平角/(°)	15、30、45、60、90
	曲率半径 R/m	0.5、1.0
锥形管/mm		200→175、175→150、150→125、125→100
布料管	管径/mm	与主管相同
	长度/mm	约 6000

注 R 为曲率半径；向下垂直管，其水平换算长度等于其自身长度；斜向配管时，根据其水平及垂直投影长度，分别按水平、垂直配管计算。

表 6.7 常用混凝土输送管道规格 单位：mm

管规格	100	125	150
公称外径	114	140	159
壁厚	4.5	5.0	6.0
内径	105	130	147

选择混凝土输送管道时，管道管径由泵送混凝土粗骨料的最大粒径（表 6.8）来选择，管壁厚度应与泵送压力相适应，使用管壁太薄的配管，作业中会产生爆管，使用前应清理检查，太薄的管应装在前端出口处。

表 6.8 混凝土输送管径与骨料最大粒径的关系 单位：mm

骨料 最 大 粒 径		输送管最小管径
卵石	碎石	
31.5	20	100
40	31.5	125
50	40	150

6.3.2 混凝土泵的选型和安装布置

6.3.2.1 混凝土泵的选型

混凝土泵的选型，影响因素较多，如根据混凝土工程特点、要求的最大输送距离、最大输出量及混凝土浇筑计划等，选型时应综合考虑。

所选混凝土输送泵首先应满足投入使用工程单位时间内泵送混凝土最大量、泵送最远距离和最高高度要求，以此确定混凝土输送泵的最大泵送混凝土压力是选用低压泵还是高压泵，或选某种规格泵。

混凝土泵的最大水平输送距离，按式（6.3）计算：

$$L_{\max} = \frac{P_{\max}}{\Delta P_H} \tag{6.3}$$

$$\Delta P_H = \frac{2}{r_0} \left[K_1 + K_2 \left(1 + \frac{t_2}{t_1} \right) V_2 \right] \alpha_2 \tag{6.4}$$

$$K_1 = (3.0 - 0.1 S_1) \times 10^2 \tag{6.5}$$

$$K_2 = (4.0 - 0.1 S_1) \times 10^2 \tag{6.6}$$

式中　$L_{\max}$——混凝土泵的最大水平输送距离，m；

$P_{\max}$——混凝土泵的最大出口压力，Pa；

ΔP_H——混凝土在水平输送管内流动每米产生的压力，Pa/m，可按照式（6.4）计算；

r_0——混凝土输送管半径，m；

K_1——黏着系数，Pa；

K_2——速度系数，Pa·s/m；

S_1——混凝土坍落度，cm；

$\dfrac{t_2}{t_1}$——混凝土泵分配阀切换时间与活塞推压混凝土时间之比，一般取 0.3；

V_2——混凝土拌和物在输送管内的平均流速，m/s；

α_2——径向压力与轴向压力之比，对普通混凝土取 0.9。

选择混凝土输送泵应满足投入使用工程混凝土要求，如混凝土的坍落度、粗骨料最大粒径、砂石的级配等，粗骨料最大粒径应严格控制。

6.3.2.2　混凝土泵和输送管道的布置

1. 混凝土泵安装布置要求

（1）混凝土泵安装应水平，场地应平坦坚实，尤其是支腿支承处。严禁左右倾斜和安装在斜坡上，如地基不平，应整平夯实。

（2）应尽量安装在靠近施工现场。若使用混凝土搅拌运输车供料，还应注意车道和进出方便；长期使用时需在混凝土泵上方搭设工棚。

（3）在混凝土泵的作业范围内，不得有高压线等障碍物。

（4）混凝土泵安装应牢固：支腿升起后，插销必须插准并锁紧并防止振动松脱；布管后应在混凝土泵出口转弯的弯管和锥管处，用钢钎固定。必要时还可用钢丝绳固定在地面上，如图 6.10 所示。

2. 输送管道安装布置

泵送混凝土布管时，应根据工程施工场地特点，最大骨料粒径、混凝土泵型号、输送距离及输送难易程度等进行选择与配置。

布管要求如下：

（1）尽量缩短管线长度，少用弯管和软管。

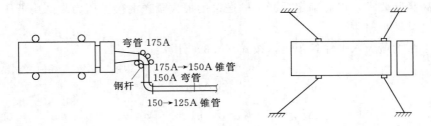

图 6.10 混凝土泵的安装固定

（2）在同一条管线中，应采用相同管径的混凝土管；同时采用新、旧配管时，应将新管布置在泵送压力较大处，管线应固定牢靠，管接头应严密，不得漏浆。

（3）应使用无龟裂、无凸凹损伤和无弯折的配管。

（4）管道应合理固定，不影响交通运输，不搞乱已绑扎好的钢筋，不使模板振动；管道、弯头、零配件应有备品，可随时更换。

布管时要注意：

（1）混凝土输送管线宜直，转弯宜缓，以减少压力损失。

（2）浇筑点应先远后近（管道只拆不接，方便工作）；前端软管应垂直放置，不宜水平布置使用，如需水平放置，切忌弯曲角过大，以防爆管。

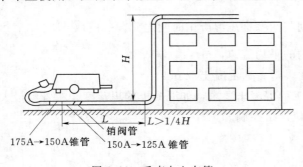

图 6.11 垂直向上布管

（3）垂直向上布管时，为减轻混凝土泵出口处压力，宜使地面水平管长度不小于垂直管长度的 1/4，一般不宜少于 15m，如条件限制可增加弯管或环形管满足要求，如图 6.11 所示，当垂直输送距离较大时，应在混凝土泵机 Y 形管出料口 3～6m 处的输送管根部设置销阀管（亦称插管），以防混凝土拌和物反流。

（4）侧斜向下布管时，当高差大于 20m 时，应在斜管下端设置 5 倍高差长度的水平管，如条件限制，可增加弯管或环形管满足以上要求，如图 6.12 所示，当坡度大于 20°时，应在斜管上端设排气装置；泵送混凝土时，应先把排气阀打开，待输送管下段混凝土有了一定压力时，方可关闭排气阀。

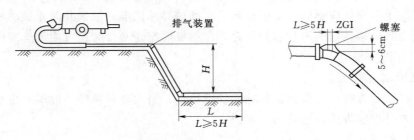

图 6.12 倾斜向下布管

6.3.3 混凝土泵的泵送能力验算

混凝土输送泵泵送能力的确定即是选用多大功率的泵合适，在施工中常根据混凝土的输出量、管道长度、泵送压力、管径、坍落度等因素，通过查列线图和计算进行估算泵送能力。

根据具体施工情况可按下列方法之一进行验算，同时应符合产品说明的有关规定。①按表 6.9 计算的混凝土输送管的配管整体水平换算长度，应不超过计算所得的最大水平泵送距离，若不满足要求，可通过改变混凝土泵的位置、调整配管方案（减少使用压力损失大的管件、减少管道长度）、增大坍落度、双泵串联作业等技术措施去实现。②按表 6.10 换算的管道总压力损失，应小于混凝土泵正常工作时的最大出口压力。

混凝土输送管的水平换算长度，按式（6.7）计算：

$$L=(l_1+l_2+\cdots)+k(h_1+h_2+\cdots)+fm+bn_1+tn_2 \tag{6.7}$$

式中　　L——配管的水平换算长度，m；

l_1、l_2、$\cdots$——水平配管长度，m；

h_1、h_2、$\cdots$——垂直配管长度，m；

m——软管根数，根；

n_1——弯管个数，个；

n_2——变径管个数，个；

k、f、b、t——每米垂直管、每根软管、弯管、变径管的换算长度，可按表 6.9 换算。

表 6.9　　　　　　　　　　　　混凝土输送管的水平换算长度

类别	换算量	规　　格		水平换算长度 /m	代号
向上垂直管	每米	100mm		3	k
		125mm		4	
		150mm		5	
变径管	每根	175→150mm		4	t
		150→125mm		8	
		125→100mm		16	
弯管	每个	90°弯管	$R=1\text{m}$	9	b
			$R=0.5\text{m}$	12	
		45°弯管	$R=1\text{m}$	4.5	
			$R=0.5\text{m}$	6	
		30°弯管	$R=1\text{m}$	3	
			$R=0.5\text{m}$	4	
		15°弯管	$R=1\text{m}$	1.5	
			$R=0.5\text{m}$	2	
		90°垂直弯管	$R=1\text{m}$	14	
软管	每根	3～5m		20	f

注　R 为曲率半径；向下垂直管，其水平换算长度等于其自身长度；斜向配管时，根据其水平及垂直投影长度，分别按水平、垂直配管计算。

表 6.10　　　　　　　　　　　混凝土泵送的换算压力损失

管 件 名 称	换 算 量	换算压力损失/MPa
水平管	每 20m	0.10
垂直管	每 5m	0.10
45°弯管	每只	0.05
90°弯管	每只	0.10
管道接环（管卡）	每只	0.10
管路截止阀	每个	0.80
3.5m 橡皮软管	每根	0.20

注　附属泵体的换算压力损失：Y 形管 175～125mm，0.05MPa；每个分配阀 0.80MPa；每台混凝土泵启动内耗，2.80MPa。

【例 6.1】　　某建筑物基础，采用混凝土泵车浇筑，泵车的最大出口泵压 $P_{max}=4.71$MPa，输送管直径为 125mm，每台泵车水平配管长度为 120m，装有 2 根 $R=500$mm 的 90°弯管，1 根软管，3 根 125→100mm 变径管。混凝土坍落度 $S=18$cm，混凝土在输送管内的流速 $V_2=0.56$m/s，试计算混凝土输送泵的输送距离，并验算泵送能力是否满足要求。

解：由式（6.7）计算配管的水平换算长度：

$$L=(l_1+l_2+\cdots)+k(h_1+h_2+\cdots)+fm+bn_1+fn_2$$
$$=120+0+20\times1+12\times2+16\times3=212(\text{m})$$

由式（6.4），取 $\dfrac{t_2}{t_1}=0.3$，$\alpha_2=0.9$

$$K_1=(3.00-0.1S_1)\times10^2=(3.0-0.1\times18)\times10^2=120(\text{Pa})$$

$$K_2=(4.00-0.1S_1)\times10^2=(4.0-0.1\times18)\times10^2=220(\text{Pa}\cdot\text{s/m})$$

$$\Delta P_H=\frac{2}{r_0}\left[K_1+K_2\left(1+\frac{t_2}{t_1}\right)V_2\right]\alpha_2$$

$$=\frac{2\times2}{0.125}[120+220(1+0.3)\times0.56]\times0.9=8069(\text{Pa/m})$$

由式（6.3）得混凝土输送泵的最大输送距离为：

$$L_{max}=\frac{P_{max}}{\Delta P_H}=\frac{4.71\times10^6}{8069}=583(\text{m})$$

又由表 6.10 换算的总压力损失为（设另装有 Y 形管一只，分配阀一个）：

总压力损失＝水平管压力损失＋软管压力损失＋90°弯管压力损失＋Y 形管压力损失＋分配阀压力损失＋混凝土泵启动内耗，即：

$$P=\frac{120}{20}\times0.1+1\times0.2+2\times0.1+1\times0.05+1\times0.8+2.8=4.65(\text{MPa})$$

由以上计算知混凝土输送管的配管整体水平换算长度为 212m，不超过计算所得的最大泵送距离 583m；混凝土泵送的换算压力损失为 4.65MPa，小于混凝土泵的最大出口压力 4.71MPa，故能满足要求。

6.4　混凝土泵送与浇筑

6.4.1　施工准备

（1）进行混凝土泵与混凝土输送管道的安装与布置。

（2）混凝土泵空转。混凝土泵压送作业前应空运转，方法是将排出量手轮旋至最大排量，给料斗加足水空转 10min 以上。

（3）进行混凝土输送泵和输送管内壁润滑。可采取泵送水泥浆、泵送 1:2 水泥砂浆、泵送与混凝土内除粗骨料外的其他成分相同配合比的水泥砂浆中的一种方法进行。润滑用的水泥浆或水泥砂浆应分散布料，不得集中浇筑在同一处。水泥砂浆的压送方法是：配好水泥砂浆；将砂浆倒入料斗，并调整排出量手轮至 $20\sim30\text{m}^3/\text{h}$ 处，然后进行压送，当砂浆即将压送完毕时，即可倒入混凝土，直接转入正常压送；砂浆压送时出现堵塞时，可拆下最前面的一节配管，将其内部脱水块取出，接好配管，即可正常运转。

6.4.2　泵送混凝土拌和

泵送混凝土所用各种原材料的质量应符合配合比要求，并根据原材料情况的变化及时调整配合比。泵送混凝土需用合格的拌和楼拌制，拌制时要严格控制骨料粒径和级配，防止混入超径颗粒，以免在后期泵送过程中发生管道堵塞。为减少运输中坍落度损失，应尽可能与搅拌站放在同一处直接供料，拌和楼与混凝土泵的生产效率要相匹配。混凝土的计量精度和拌和时间要符合有关规定。

6.4.3　泵送混凝土运输

泵送混凝土宜用混凝土搅拌运输车运输，运输能力要大于混凝土泵的泵送能力，以便保证混凝土供应不中断，满足施工要求。

混凝土泵的实际平均输出量，可根据混凝土泵的最大输出量、配管情况和作业效率，按式（6.8）计算：

$$Q_1 = \alpha_1 \eta Q_{\max} \tag{6.8}$$

式中　Q_1——每台混凝土泵的实际平均输出量，m^3/h；

　　　$Q_{\max}$——每台混凝土泵的最大输出量，m^3/h；

　　　α_1——配管条件系数，可取 0.8～0.9；

　　　η——作业效率，根据混凝土搅拌运输车向混凝土泵供料间断时间、拆装混凝土输送管和布料停歇等情况，可取 0.5～0.7。

当混凝土泵连续作业时，每台混凝土泵所需配备混凝土搅拌运输车台数，可按式（6.9）计算：

$$N_1 = \frac{Q_1}{60 V_1 \eta_V}\left(\frac{60 L_1}{S_0} + T_1\right) \tag{6.9}$$

式中　N_1——混凝土搅拌运输车台数，取整数台；

　　　Q_1——每台混凝土泵的实际平均输出量，m^3/h；

　　　V_1——每台混凝土搅拌运输车的容量，m^3；

η_V——混凝土搅拌运输车容量折减系数，可取 0.9～0.95；

S_0——混凝土搅拌运输车的平均行车速度，km/h；

L_1——混凝土搅拌运输车的往返距离，km；

T_1——每台混凝土搅拌运输车的总计停歇时间，min。

混凝土运输搅拌车装料前应用水冲洗滚筒，并排净滚筒中的多余水；为避免混凝土在运输过程中凝结，搅拌车在行进途中，搅拌筒应保持慢速转动。搅拌车在卸料前应先高速运转 20～30s，然后再反转卸料，以保证混凝土的和易性满足要求。如果中断卸料作业，应使搅拌筒低速搅拌混凝土。在混凝土泵进料斗上，应安置网筛并设专人监视卸料。避免粒径过大的骨料或异物进入混凝土泵造成堵塞。如果出现混凝土坍落度损失过大，可在保持水灰比不变的条件下同时加入水和水泥，搅拌后浇筑，除此之外，严禁往搅拌筒内任意加水。混凝土搅拌运输车在运输途中，搅拌筒慢速转动，应保持 3～6r/min 的转速。

【例 6.2】 已知单台混凝土泵设计平均输出量 Q_1 为 30m³/h，使用的混凝土搅拌运输车的容量为 6m³，混凝土搅拌运输车的平均行车速度为 20km/h，混凝土搅拌运输车的往返距离为 5km，混凝土搅拌运输车一个运行周期的总计停歇时间为 30min。试计算所需混凝土搅拌运输车的台数。

解：所需混凝土搅拌运输车的台数按式（6.9）计算，取 $\eta_V = 0.95$，则

$$N_1 = \frac{Q_1}{60V_1\eta_V}\left(\frac{60L_1}{S_0} + T_1\right) = \frac{30}{60 \times 6 \times 0.95}\left(\frac{60 \times 5}{20} + 30\right) = 3.95（台）$$

故选 4 台混凝土搅拌运输车。

6.4.4　混凝土泵送

6.4.4.1　混凝土泵送注意事项

（1）开始泵送，混凝土输送泵应处于慢速、匀速并随时可反泵的状态。泵送速度，应先慢后快，逐步加速。同时，应观察混凝土输送泵的压力和各系统的工作情况，待各系统运转顺利后，方可以正常速度进行泵送。

（2）正常泵送时，要保持连续压送，尽量避免压送中断。静停时间越长，混凝土分离现象就会越严重。当中断后再继续压送时，输送管上部泌水就会被排走，最后剩下的下沉粗骨料就易造成输送管的堵塞。

（3）如管路有向下倾斜下降段时，要将排气阀门打开，在倾斜段起点塞一个用湿麻袋或泡沫塑料球做成的软塞，以防止混凝土拌和物自由下降或分离。塞子被压送的混凝土推送，直到输送管全部充满混凝土后，关闭排气阀门。

（4）泵送时，受料斗内应经常有足够的混凝土，防止吸入空气造成阻塞。

（5）发现进入料斗的混凝土有离析状况时要暂停泵送，待搅拌均匀后再泵送。若骨料分离比较严重，料斗内灰浆明显不足时，应将分离的骨料清除或另外加砂浆，必要时可打开料斗底部闸门，把料斗内混凝土料全部排除。

6.4.4.2　压送中断

浇灌中断是允许的，但不得随意留施工缝。浇灌停歇压送中断期内，应采取一定的技术措施，防止输送管内混凝土离析或凝结而引起管路的堵塞。压送中断的时间，一般应限制在 1h 之内，夏季还应缩短。压送中断期内混凝土泵必须进行间隔推动，每隔 4～5min

一次，每次进行不少于 4 个行程的正、反转推动，以防止输送管的混凝土离析或凝结。如泵机停机时间超过 45min，应将存留在导管内的混凝土排出，并加以清洗。

6.4.5 泵送混凝土的布料

根据工程特点、施工条件、配管情况选择布料方式，应尽可能覆盖要浇筑的仓面，并能均匀及时布料；布料设备运行时应安全可靠且不影响其他工序的操作。常用的布料方式见表 6.11。

表 6.11   布 料 方 式 汇 总

布料方式	使 用 范 围
手推车布料	适用于其他布料方式达不到的死角部位
溜槽布料	在混凝土输出口处接缝溜槽，溜槽可做成移动式，增大布料面积
布料软管布料	布料软管重量轻，移动方便，在混凝土输出口处接布料软管，工作时用绳子拴住软管，拖到需浇筑的各处，软管最小弯曲半径不小于 1.5m
布料杆布料	通常混凝土泵车配备这种布料设备，它可与搅拌站，输送车等混凝土机械配套使用，提高施工质量和施工速度、能在狭窄工地施工
输送管直接布料	输送管直接伸入仓内，依靠流态混凝土的扩散作用布料

混凝土布料方法应符合下列规定：

（1）在浇筑竖向结构混凝土时，布料设备的出口离模板内侧面应不小于 50mm，且不得向模板内侧面直冲布料，也不得直冲钢筋骨架。

（2）浇筑水平结构混凝土时，不得在同一处连续布料，应在 2～3m 范围内水平移动布料，且宜垂直于模板布料。

（3）混凝土落料高度不宜大于 2m。

6.4.6 泵送混凝土浇筑、振捣与养护

泵送混凝土浇筑时，应根据工程结构特点、平面形状和几何尺寸、混凝土供应和泵送设备能力、劳动力和管理能力，以及周围场地大小等条件，预先划分好混凝土浇筑区。

6.4.6.1 浇筑顺序

（1）当采用输送管输送混凝土时，应由远而近浇筑。

（2）对同一区域的混凝土，应按先竖向结构后水平结构的顺序，分层连续浇筑。

（3）当不允许留施工缝时，区域之间、上下层之间的混凝土浇筑间歇时间，不得超过混凝土初凝时间。

（4）当下层混凝土初凝后，浇筑上层混凝土时，应先按留施工缝的规定处理。

6.4.6.2 浇筑方法

泵送混凝土一般采用水平分层浇筑法。在实际应用时可根据泵送能力、仓面大小、周围施工场地情况等条件，采用水平分层法、推移浇筑法或分层推移浇筑法铺料，并合理确定浇筑顺序。

水平分层浇筑是在一次浇筑区段进行混凝土浇筑时，整个混凝土浇筑大致在一个水平面上，一层浇筑完成后，再浇筑上一层，每个浇筑层厚一般为 300～500mm，这种方法适

用于浇筑能力较大的中小仓面。推移浇筑法时从浇筑区段的一段开始，一直浇筑到顶部，然后顺序向邻近推移直至完成整个浇筑仓面，这种方法适用于高度不大于 2m 的浇筑仓号。分层推移浇筑法综合上述两种方法而成，先在一个浇筑层中采用推移浇筑法，完成一定区域后，再向上一层发展，进而完成整个仓号浇筑。这种分层浇筑便于振捣密实，也可避免一次浇到顶流淌较大的现象；同时减少浇筑过程中混凝土输送管道装拆工作量和泵车移动次数。混凝土浇筑时，自由下跌高度一般不宜超过 2m。

6.4.6.3 振捣

泵送混凝土一般采用插入式振捣器振捣，振捣棒移动间距宜为 400mm 左右，振捣时间在 15～30s，且隔 20～30min 后，进行第二次复振。

对有预留洞、预埋件和钢筋过密的部位，应预先编制技术措施，确保顺利布料和振捣密实，在浇筑混凝土时，应跟踪检查，当发现混凝土有不密实等现象，应立即采取措施予以纠正。

泵送混凝土的养护方式与普通混凝土相同。

6.4.7 混凝土泵和输送管道的清洗

混凝土压送完毕后，对混凝土泵及输送管道要及时清洗，洗管前应先进行反转，以降低管内压力，清洗方法如下。

6.4.7.1 水洗

用高压水清洗的方法。S 阀式的混凝土泵可泵水"自洗"，其他阀型的泵要另配高压水泵或专用的清洗泵附件，这时需要一个进水接头，与高压水泵连接的水管上有一个水阀，进水接头内要塞进一个海绵球和一个橡胶塞，橡胶塞在前与混凝土接触，海绵球在后与高压水接触。

水洗时，从进料口塞入海绵球，使海绵球与混凝土拌和物之间不要有孔隙，以免压力水越过海绵球混入混凝土拌和物中，然后混凝土输送泵以大行程、低速运转，泵水产生压力将混凝土拌和物推出。清洗水不得排入已浇筑的混凝土内。冬季施工时，应将全部水排清，将泵机活塞擦洗拭干，防止冻坏活塞环。

6.4.7.2 气洗

用压缩空气吹洗。气洗步骤：如果是垂直向上泵送的管道布置，垂直管道下部又装有止流管者，应将止流插板插入，以防止垂直管中的混凝土倒流；拆去锥管，把和锥管连接的第一根直管管口的混凝土掏出一些，把管口清理干净，接上气洗接头，气洗接头内事先塞进一个浸透水的海绵球；在气洗接头上装有进、排气阀，并用软管与压缩空气管接通；在管道末端接上安全盖，安全盖的孔口应朝下。如果管道末端是垂直向下或用 90°弯头朝下卸料者，可以不接安全盖；由于安全孔口朝下，压缩空气的反作用力可能将安全盖连同几节管子向上抬起而发生事故，故应将末端管道固定好；打开气阀，使压缩空气推动海绵球将混凝土压出。

气洗时注意：混凝土泵应采用大行程高速运转，压缩空气的压力采用 1MPa；所使用的输送管的管壁厚度应在 1.5mm 以上，并在输送管出口处装防喷设备，施工人员要离开出口方向，防止骨料后海绵清洗时飞出伤人；在气洗过程中，如果发生堵管，应先放气，将压力减至正常气压后，才能拆管进行排除工作。

6.5 泵送混凝土堵管与故障处理

在泵送混凝土中，水、水泥和砂形成水泥砂浆，均匀包在粗骨料表面，并携带粗骨料在输送管中以悬浮状态运动。泵送过程中由于压力作用，一部分水泥砂浆被挤向外层，在粗骨料与管壁之间形成一个润滑层。只有混凝土保持这种状态，泵送才能顺利进行。如果局部粗骨料之间或粗骨料与管壁之间的摩阻力因外部因素影响过大时，粗骨料会产生相对的逆向运动，并冲破水泥浆体保护层，导致混凝土分布状态的破坏，致使粗骨料形成聚结状态，这样，就导致了堵管现象的发生。

6.5.1 泵送混凝土管道堵塞

一方面，堵管一般有明显征兆，从泵送油压看，如果每个泵送冲程的压力峰值随冲程的交替而迅速上升，并很快达到设定压力，正常的泵送循环自动停止，主油路溢流阀发出溢流响声，就表明已经堵管。另一方面可观察输送管道状况，正常泵送时管道和泵机只产生轻微的后座震动，如果突然产生剧烈震动，尽管泵送操作仍在进行，但管口不见混凝土流出，也表明发生了堵管。输送管有时会因堵管时产生的强大压力胀裂。有的混凝土泵设计有自动反泵回路，如果频繁反泵都未恢复正常泵送，就要试用手动反泵，如果多次反泵仍不能恢复正常循环，表明已经堵牢。

堵塞部位一般发生在弯管和锥管处有振动的部位。一般情况是从泵的出口开始。征兆是：未堵塞的管段会发生剧烈振动，堵塞部位以后的管路则无振动感。可以用听觉判断，未堵塞段混凝土被吸动时，会有响声；堵塞部分以后段则没有声响。

6.5.2 堵管原因

6.5.2.1 人员操作不当引起堵管

输送泵操作人员在泵送施工中应精力集中，时刻注意泵送压力表的读数，一旦发现压力表读数突然增大，应立即反泵 2～3 个行程，再正泵，堵管即可排除。若已经进行了反泵正泵几个操作循环，仍未排除堵管，应及时拆管清洗，否则将使堵管更加严重。

泵送时，速度的选择很关键。首次泵送时，由于管道阻力较大，此时应低速泵送，泵送正常后，可适当提高泵送速度。

余料量控制不适当造成堵管。泵送时，操作人员须随时观察料斗中的余料，余料不得低于搅拌轴，如果余料太少，极易吸入空气，导致堵管。料斗中的料也不能堆得太多，应低于防护栏，以便于及时清理粗骨料和超大骨料。

6.5.2.2 管道连接原因导致的堵管

管道接法错误很容易导致堵管。接管时应遵循以下原则：管道布置时应按最短距离、最少弯头和最大弯头来布管，尽量减小输送阻力，也就减少了堵管的可能性。泵出口锥管处，不许直接连接弯管，至少应接入一段直管后，再接弯管。停机时间超过 5min 时，应关闭截止阀，防止混凝土倒流，导致堵管。由水平转垂直时的 90°弯管，弯曲半径应大于 500mm。

6.5.2.3　混凝土拌和物质量不良造成管道堵塞

（1）混凝土坍落度过大或过小。混凝土坍落度的大小直接反映了混凝土流动性的好坏，混凝土的输送阻力随着坍落度的增加而减小。坍落度过小，会增大输送压力，加剧设备磨损，并导致堵管；坍落度过大，高压下混凝土易离析而造成堵管。

（2）含砂率过小、粗骨料级配不合理。细骨料按粒径可分为：粗砂、中砂、细砂，其中中砂的可泵性最好。粗骨料按形状可分为：卵石、碎石。卵石的可泵性好于碎石。骨料的最大粒径与输送管道的直径和泵送高度之间的关系要满足要求，否则也易引起堵管。合理地选择含砂率和确定骨料级配，对提高混凝土的泵送性能和预防堵管至关重要。

（3）水泥用量过少或过多。水泥在泵送混凝土中，起胶结作用和润滑作用，同时水泥具有良好的保水性能，使混凝土在泵送过程中不易泌水。若水泥用量过少，将严重影响混凝土的吸入性能，同时使泵送阻力增加，混凝土的保水性变差，容易泌水、离析和发生堵管。另外水泥用量与骨料的形状也有关系，骨料的表面积越大，需要包裹的水泥浆也应该越多，相应地水泥的含量就越大。因此合理地确定水泥的用量，对提高混凝土的可泵性，预防堵管也很重要。

（4）外加剂的选用不合理，使混凝土的可泵性和流动性变差，从而导致堵管。

6.5.2.4　局部漏浆造成的堵管

由于砂浆泄漏掉，一方面影响混凝土的质量；另一方面漏浆后，将导致混凝土的坍落度减小和泵送压力的损失，从而导致堵管。漏浆的可能是由于输送管道接头密封不严、混凝土活塞磨损严重或混凝土输送缸严重磨损而引起的。

6.5.3　堵管的预防

防止输送管路堵塞，除混凝土配合比设计要满足可泵性的要求，配管设计要合理，加强混凝土拌制、运输、供应过程的管路确保混凝土的质量外，在混凝土压送时，还应采取以下预防措施：严格控制混凝土的质量。对和易性和匀质性不符合要求的混凝土不得入泵，禁止使用已经离析或拌制后超过 90min 而未经任何处理的混凝土；严格按操作规程的规定操作。在混凝土输送过程中，当出现压送困难、泵的输送压力升高、输送管路振动增大等现象时，混凝土泵的操作人员首先应放慢压送速度，进行正、反转往复推动，辅助人员用木锤敲击弯管、锥形管等易发生堵塞的部位，切不可强制高速压送。

6.5.4　堵管的排除

堵管后，应迅速找出堵管部位，及时排除。首先用木锤敲击管路，敲击时声音闷响说明已堵管。待混凝土泵卸压后，即可拆卸堵塞管段，取出管内堵塞混凝土。拆管时操作者勿站在管口的正前方，避免混凝土突然喷射。然后对剩余管段进行试压送，确认再无堵管后，才可以重新接管。

重新接入管路的各管段接头扣件的螺栓先不要拧紧（安装时应加防漏垫片），应待重新开始压送混凝土，把新接管段内的空气从管段的接头处排尽后，方可把各管段接头扣件的螺丝拧紧。

本 章 小 结

本章主要讲述了泵送混凝土的特点、泵送混凝土原材料和配合比设计、混凝土的可泵性等内容。其中可泵性是指混凝土拌和物具有顺利通过管道，摩擦阻力小，不离析，不阻塞，黏聚性好的性能。混凝土的可泵性主要取决于混凝土拌和物本身的和易性。

此外，还介绍了混凝土泵送能力验算：①计算的混凝土输送管的配管整体水平换算长度应不超过计算所得的最大水平泵送距离；②泵送管道总压力损失，应小于混凝土泵正常工作时的最大出口压力。最后介绍了泵送混凝土的施工工艺：施工准备—拌和—运输—泵送—布料—浇筑—振捣—养护。

思 考 题

6.1 简单叙述泵送混凝土对原材料要求有哪些？

6.2 混凝土泵的类型有哪些？布置要求是什么？

6.3 泵送混凝土输送管类型有哪些？布管有什么要求？

6.4 泵送混凝土施工的准备工作有哪些？

6.5 某建筑物采用混凝土泵车浇筑，泵车的最大出口泵压 $P_{max}=4.5MPa$，输送管直径为125mm，每台泵车水平配管长度为100m，装有一根软管，二根 $R=0.5$ 的45°弯管和三根 $125\rightarrow100mm$ 变径管。混凝土坍落度 $S=15cm$，混凝土在输送管内的流速 $V_2=0.56m/s$，试计算混凝土输送泵的输送距离，并验算泵送能力是否满足要求。

6.6 什么是可泵性？可泵性好坏的判断标准是什么？影响可泵性好坏的因素有哪些？

6.7 混凝土泵和管道清洗的方法有哪些？

6.8 泵送混凝土浇筑方法有哪些？浇筑顺序有什么要求？

第7章 预应力混凝土施工

【学习目标】 了解预应力混凝土结构的分类及各自特点；掌握预应力结构中钢筋及混凝土材料的特点与要求。掌握先张法和后张法的施工工艺、不同点。

【知 识 点】 预应力混凝土的基本概念；施加预应力的方法；锚具、夹具；预应力混凝土构件对材料的要求；预应力混凝土工程的先张法、后张法的施工工艺，机具设备和施工方法。无黏结预应力混凝土施工原理、特点及应用。

【技 能 点】 能够熟悉施加预应力的方法及预应力混凝土结构对材料的要求；认识工程中常用的锚具和夹具；能按要求选择预应力筋、预应力混凝土。

为了弥补混凝土过早出现裂缝的现象，在构件使用（加载）以前，预先给混凝土一个预压力，即在混凝土的受拉区内，用人工加力的方法，将钢筋进行张拉，利用钢筋的回缩力，使混凝土受拉区预先受压力。这种储存下来的预加压力，当构件承受由外荷载产生拉力时，首先抵消受拉区混凝土中的预压力，然后随荷载增加，才使混凝土受拉，这就限制了混凝土的伸长，延缓或不使裂缝出现，这就叫做预应力混凝土。

7.1 预应力混凝土结构简介

7.1.1 预应力混凝土结构的基本概念

由于混凝土的极限拉应变很小（为 $0.1 \times 10^{-3} \sim 0.15 \times 10^{-3}$），所以普通钢筋混凝土结构的抗裂性能较差。一般情况下，当钢筋的应力超过 $20 \sim 30$MPa 时，混凝土就会开裂。因此，普通钢筋混凝土结构在正常使用时一般都是带裂缝的。对于允许开裂的普通钢筋混凝土结构，当裂缝宽度限制在 $0.2 \sim 0.3$mm 时，受拉钢筋的应力只能达到 250MPa 左右。可见，在普通钢筋混凝土结构中若配置高强钢筋，钢筋的强度将远不能被充分利用。同时，由于构件开裂，将导致构件刚度降低、变形增大。这样，对于具有较高的密闭性或耐久性要求以及对裂缝控制要求较严的结构，均不能采用普通钢筋混凝土结构，而应采用预应力混凝土结构。

预应力混凝土结构是指在构件承受荷载之前，预先对外荷载作用时的受拉区混凝土施加压应力，造成一种人为的应力状态，以抵消或减小外荷载作用下产生的拉应力，从而控制裂缝开展的结构。

下面举例说明预应力混凝土结构的基本原理。如图 7.1 所示，一简支梁在外荷载作用前，预先在其外荷载作用下的受拉区施加一对大小相等、方向相反的偏心压力 N，梁跨中下边缘的预压应力为 σ_{pc}［图 7.1（a）］，而在外荷载单独作用下梁的下边缘将产生拉应

力为 σ_t [图 7.1 (b)]。预应力混凝土梁的受力即为上述两种状态的叠加 [图 7.1 (c)]。此时，梁的下边缘的应力可能是数值很小的拉应力，也可能是压应力或应力为零。由此可见，由于预压应力 σ_{pc} 的作用，可全部或部分抵消外荷载引起的拉应力，从而延缓了混凝土构件的开裂。同时，由于偏心压力作用，梁使用前向上拱，使梁的挠度减小。

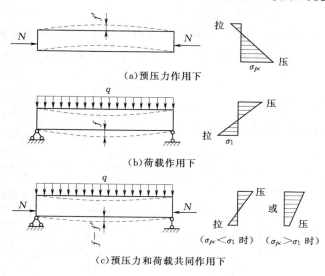

(a)预压力作用下

(b)荷载作用下

($\sigma_{pc} < \sigma_1$ 时)　($\sigma_{pc} > \sigma_1$ 时)

(c)预压力和荷载共同作用下

图 7.1　预应力混凝土简支梁的受力原理

7.1.2　预应力混凝土的优缺点

1. 优点

预应力混凝土结构与普通混凝土结构相比，主要具有以下优点：

（1）抗裂和耐久性能好。由于混凝土中存在预压应力，可以避免开裂或限制裂缝的开展，从而减少外界有害因素对钢筋的侵蚀，提高构件的抗渗性、抗腐蚀性和耐久性，这对水工结构尤为重要。

（2）刚度大，变形小。因预压应力避免混凝土开裂或限制裂缝开展，从而提高了构件的刚度。预加偏心压力使受弯构件产生反拱，从而减小构件在荷载作用下的挠度。

（3）节省材料，减轻自重。由于预应力构件合理有效地利用高强钢筋和高强混凝土，截面尺寸相对减小，结构自重减轻，节省材料并降低了工程造价。预应力混凝土结构与普通混凝土结构相比，一般可减轻自重的 20%～30%，特别适合建造大跨度承重结构。

（4）提高受压构件的稳定性。当受压构件长细比较大时，在受到一定的压力后便容易被压弯，以致丧失稳定而破坏。如果对钢筋混凝土柱施加预应力，使纵向受力钢筋张拉得很紧，不但预应力钢筋本身不容易压弯，而且可以帮助周围的混凝土提高抵抗压弯的能力。

（5）提高构件的耐疲劳性能。因为具有强大预应力的钢筋，在使用阶段因加荷或卸荷所引起的应力变化幅度相对较小，故此可提高抗疲劳强度，这对承受动荷载的结构来说是很有利的。

2. 缺点

预应力混凝土结构虽然具有一系列的优点，但是也存在下列缺点：

（1）工艺较复杂，对质量要求高，因而需要配备一支技术较熟练的专业队伍。

（2）需要有一定的专门设备，如张拉机具、灌浆设备等。先张法需要有张拉台座；后张法还要耗用数量较多、质量可靠的锚具等。

（3）预应力混凝土结构的开工费用较大，对构件数量少的工程成本较高。

（4）预应力反拱度不易控制。它随混凝土徐变的增加而增大，可能影响结构使用效果。

7.1.3 预应力混凝土的分类

预应力混凝土的具体分类情况见表 7.1。

表 7.1 预 应 力 混 凝 土 分 类

分 类 依 据	类 别	性 质
根据预加应力的程度分类	全预应力混凝土	混凝土结构物在全部使用荷载的作用下不产生弯曲拉应力
	有限预应力混凝土	混凝土结构物的拉应力不超过规定的允许值
	部分预应力混凝土	混凝土结构物在主承载方向产生的拉应力没有限制
根据张拉预应力筋形成前后分类	先张法预应力混凝土	预应力筋的张拉是在混凝土结构物形成之前
	后张法预应力混凝土	预应力筋的张拉是在混凝土结构物形成之后
根据有无预应力筋黏结分类	有黏结预应力混凝土	在预应力施加后，使混凝土对预应力筋产生握裹力并固结为一体
	无黏结预应力混凝土	通过采取特殊工艺，使用某种介质将预应力筋与混凝土隔离，而预应力筋仍能沿其轴线移动
根据预应力混凝土结构物体型特征分类	预应力混凝土板、柱、杆、梁、墩、隧洞	预应力混凝土结构物的体形特征

7.1.4 预应力混凝土结构的发展史

预应力混凝土的大量采用是在 1945 年第二次世界大战结束之后，当时西欧面临大量战后恢复工作。由于钢材奇缺，一些传统上采用钢结构的工程以预应力混凝土代替。开始用于公路桥梁和工业厂房，逐步扩大到公共建筑和其他工程领域。在 20 世纪 50 年代中国和苏联对采用冷处理钢筋的预应力混凝土作出了容许开裂的规定。直到 1970 年，第六届国际预应力混凝土会议上肯定了部分预应力混凝土的合理性和经济意义。认识到预应力混凝土与钢筋混凝土并不是截然不同的两种结构材料，而是同属于一个统一的加筋混凝土系列。设计人员可以根据对结构功能的要求和所处的环境条件，合理选用预应力的大小，以寻求使用性能好、造价低的最优结构设计方案，是预应力混凝土结构设计思想上的重大发展。

目前，预应力混凝土结构已广泛应用于建筑工程中，如预应力混凝土空心板、屋面梁、屋架及吊车梁等。同时，在交通、水利、海洋及港口工程中，预应力混凝土结构也得到了广泛的应用。预应力混凝土结构在水利方面的应用主要有渡槽、压力水管、水池、大型闸墩、水电站厂房吊车梁、门机轨道梁等。

7.2　预应力混凝土结构材料

理论上讲，提高材料强度可以提高构件的承载力，从而达到节省材料和减轻构件自重的目的。预应力混凝土结构须采用高强度的混凝土，同时配合高强度的钢筋，才能满足所需预应力的要求，所以，在不同的预应力混凝土结构施工过程中，选择好混凝土和钢材，是保证构件满足预应力结构设计要求的根本保证。

7.2.1　混凝土材料

混凝土的种类很多，对预应力混凝土结构而言，混凝土材料应满足相应的强度、刚度、收缩和徐变的设计指标。

7.2.1.1　混凝土的材料要求

预应力混凝土材料要求如下：

（1）预应力混凝土结构的混凝土强度等级不应低于 C30；当采用钢绞线、钢丝作预应力钢筋时，混凝土强度等级不宜低于 C40；处于侵蚀性介质中或承受高压水头的混凝土不得有裂缝。

（2）水泥采用强度等级 42.5 以上的普通硅酸盐水泥与早强硅酸盐水泥。

（3）粗骨料选用质地坚硬的碎石，细骨料宜采用中粗砂。

（4）不得掺用对预应力筋有腐蚀性的外加剂。

（5）混凝土水灰比一般在 0.25～0.4，水灰比控制在 0.5 以下，砂率为 0.25～0.32。用水量不超过 $150 kg/m^3$，适当减少水泥用量、但应控制水泥用量不低于 $300 kg/m^3$，混凝土坍落度小于 10mm。

7.2.1.2　预应力混凝土收缩和徐变

混凝土的收缩变形主要指其热胀冷缩、湿胀干缩和混凝土硬化过程中的收缩。其中混凝土硬化收缩变形随时间的延长而增加。试验表明，混凝土的收缩变形与混凝土的强度、水泥的品种和用量、水灰比、骨料性质、养护条件、构件几何尺寸及构件所处环境等因素有关。

混凝土的徐变指结构构件在荷载长期作用下变形随时间的推移而增大的现象。影响混凝土徐变变形大小的因素主要有荷载应力大小、混凝土的品质、加载时龄期、加载延续时间、构件所处环境等。

混凝土的收缩和徐变将使构件缩短，从而引起预应力钢筋产生较大的预应力损失，这对预应力混凝土结构是非常不利的，必须予以高度重视。

7.2.2　预应力筋

7.2.2.1　预应力筋须满足的要求

常用的预应力筋有钢丝、钢绞线、热处理钢筋等。要求强度高，以利于有效地建立预应力。要有较好的延性以确保结构在破坏前有较大的变形能力，以避免结构出现脆性破坏。有良好的焊接性能以保证预应力粗钢筋加工质量及其使用性能。具有较好的黏结性能，以满足混凝土与钢筋的握裹和黏结要求，确保混凝土和钢筋的共同工作效果。

7.2.2.2 预应力钢筋的类型

1. 高强钢丝

消除应力钢丝是指钢丝在塑性变形下（轴应变）进行短时热处理后的低松弛钢丝（WLR），或钢丝通过矫直工序后在适当温度下进行短时热处理后的普通松弛钢丝（WNR），所谓松弛，是指钢材在高应力作用下其长度保持不变，应力随时间而减小的现象。消除应力钢丝按其外形可分为光面、螺旋肋和刻痕钢丝三种，分别用 P、H、I 表示，如图 7.2 和图 7.3 所示。

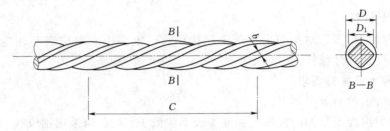

图 7.2　螺旋肋钢丝外形示意图

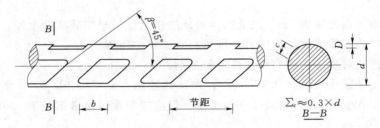

图 7.3　三面刻痕钢丝外形示意图
d—外接圆直径

冷拉钢丝（WCD）是指用盘条通过拔丝模或轧辊经冷加工而成的，以盘卷供货的钢丝。

【例 7.1】　直径为 4.00mm，抗拉强度为 1670MPa 的冷拉光圆钢丝，其标记为：
预应力钢丝标记：4.00 - 1670 - WCD - P

【例 7.2】　直径为 7.00mm，抗拉强度为 1570MPa 的低松弛螺旋肋钢丝，其标记为：
预应力钢丝标记：7.00 - 1570 - WLR - H

预应力钢丝除具有强度高，易于制备，全球运输的特点外，在应用上可以根据需要组成不同钢丝根数钢丝束，甚至于可以用 7 根平行钢丝为一组制成无黏结束，且柔性好，便于成型或穿束，适用于作为曲线型预应力筋。

2. 钢绞线

钢绞线是指由冷拉光圆钢丝或刻痕钢丝捻制的用于预应力混凝土结构的钢绞线。钢绞线按其加工方式有由冷拉光圆钢丝制成的标准型钢绞线、由刻痕钢丝捻制成的刻痕钢绞线和捻制后再经冷拔成的模拔钢绞线三种。

钢绞线按结构又分为 5 类：用 2 根钢丝捻制的钢绞线（代号 1×2）、用 3 根钢丝捻制的钢绞线（代号 1×3）、用 3 根刻痕钢丝捻制的钢绞线（代号 1×3I）、用 7 根钢丝捻制的标准型钢绞线（代号 1×7）、用 7 根钢丝捻制又经模拔的钢绞线［代号 （1×7）C］。其结构形式如图 7.4～图 7.6 所示。

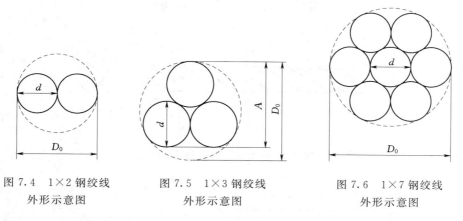

图 7.4　1×2 钢绞线　　　　图 7.5　1×3 钢绞线　　　　图 7.6　1×7 钢绞线
　　外形示意图　　　　　　　　外形示意图　　　　　　　　外形示意图

【例 7.3】　公称直径为 15.20mm，强度级别为 1860MPa 的 7 根钢丝捻制的标准型钢绞线标记为：

预应力钢绞线标记：1×7 - 15.20 - 1860

【例 7.4】　公称直径为 8.74mm，强度级别为 1670MPa 的 3 根刻痕钢丝捻制的钢绞线标记为：

预应力钢绞线标记：1×3I - 8.74 - 1670

【例 7.5】　公称直径为 12.70mm，强度级别为 1860MPa 的 7 根钢丝捻制又经模拔的钢绞线，其标记为：

预应力钢绞线标记：（1×7）C - 12.7 - 1860

3. 钢棒

预应力混凝土用钢棒（PCB）指直径为 6～16mm 的低合金钢热轧圆盘条经冷加工（或不经冷加工）淬火和回火而成的钢材。按其外形划分主要有横截面为圆形的光圆钢棒（P）；沿着表面纵向，具有规则间隔的连续螺旋凹槽的螺旋槽钢棒（HG）；沿着表面纵向，具有规则间隔的连续螺旋凸肋的螺旋肋钢棒（HR）；沿着表面纵向，具有规则间隔的横肋的带肋钢棒（R）等四类。钢棒的低松弛和普通松弛性质分别用 L、N 表示。如图 7.7～图 7.11 所示。

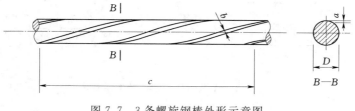

图 7.7　3 条螺旋钢棒外形示意图

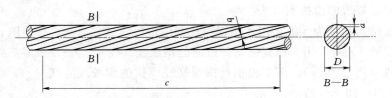

图 7.8　6 条螺旋钢棒外形示意图

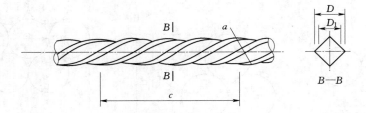

图 7.9　螺旋肋钢棒外形示意图

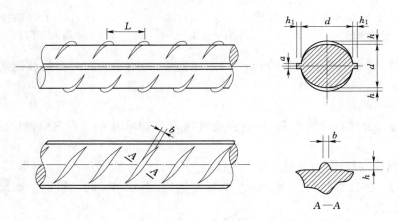

图 7.10　有纵肋带肋钢棒外形示意图

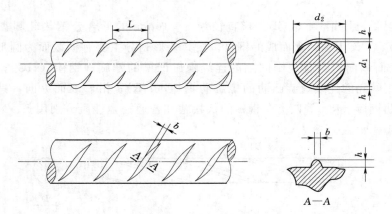

图 7.11　无纵肋带肋钢棒外形示意图

【例 7.6】 如公称直径为 9mm，公称抗拉强度为 1420MPa，35 级延性，低松弛预应力混凝土用连续螺旋凹槽的螺旋槽钢棒，其标记为：

连续螺旋凹槽的螺旋槽钢棒标记：PCB9 - 1420 - 35 - L - HG

7.2.3 无黏结预应力钢绞线

无黏结预应力钢绞线是由无黏结预应力筋构成，并用防腐润滑脂和护套涂包的钢绞线。其中，防腐润滑脂是用脂肪酸混合金属皂将深度精制的矿物润滑油稠化而成，并加入了多种添加剂，具有防锈防蚀性能。护套指包裹在钢绞线和防腐润滑脂外的塑料套管，用以保护预应力钢绞线不受腐蚀，并防止与周围混凝土之间发生黏结，使预应力筋与其周围混凝土间可永久地相对滑动，如图 7.12 所示。

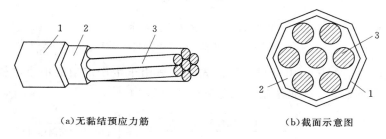

（a）无黏结预应力筋　　　　　（b）截面示意图

图 7.12　无黏结预应力筋示意图
1—聚乙烯塑料套管；2—保护油脂；3—钢绞线或钢丝束

在无黏结预应力混凝土结构中，非预应力钢筋宜采用 HRB335 级、HRB400 级热轧带肋钢筋。无黏结预应力筋外包层材料，应采用高密度聚乙烯，严禁使用聚氯乙烯。其性能应满足温度范围在 -20~70℃，低温不脆化，高温化学稳定性好；必须具有足够的韧性、抗破损性；对周围材料（如混凝土、钢材）无侵蚀作用；防水性好等要求。无黏结预应力筋涂料层应采用专用防腐油脂，其性能应符合温度范围在 -20~70℃，不流淌、不裂缝、不变脆，并有一定韧性；使用期内，化学稳定性好；对周围材料（如混凝土、钢材和外包材料）无侵蚀作用；不透水、不吸湿、防水性好；防腐性能好；润滑性能好，摩阻力小的要求。

7.3 先 张 法

先张法是在浇筑混凝土之前，在台座或模板上先张拉预应力钢筋，用夹具临时固定，然后浇筑混凝土。待混凝土达到规定强度（一般不低于混凝土设计强度标准值的75%），保证预应力筋与混凝土有足够的黏结力时，放张或切断预应力筋，借助于混凝土与预应力筋间的黏结，对混凝土产生预压应力。图 7.13 所示为预应力混凝土先张法生产示意图。

7.3.1 先张法施工的生产流程

先张法采用台座法生产时，预应力筋的张拉、锚固，混凝土构件的浇筑、养护和预应力筋放张等工序皆在台座上进行，预应力筋的张拉力由台座承受。用机组流水法和传送带

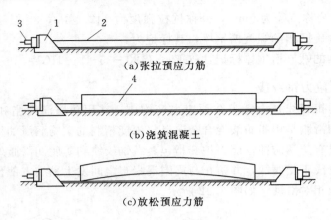

图 7.13　先张法施工顺序

1—台座；2—预应力筋；3—夹具；4—构件

法生产时，预应力筋的拉力由钢模承受。先张法适用于生产定型的中小型构件，如空心板、屋面板、吊车梁等。先张法施工工艺流程如图 7.14 所示。

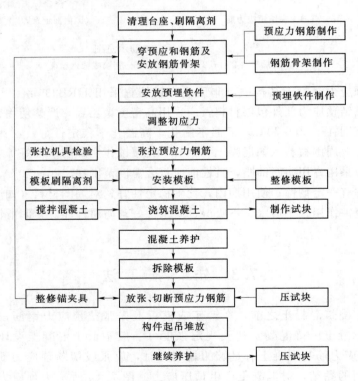

图 7.14　先张法施工工艺流程

7.3.2　先张法施工的主要设备

7.3.2.1　台座

台座是先张法生产的主要设备之一，它承受预应力筋的全部张拉力。因此，台座应具有足够的强度、刚度和稳定性。

台座构造形式有墩式台座、槽式台座和构架式台座等。使用时根据构件的种类、张拉吨位和施工条件而定。

1. 墩式台座

墩式台座由台墩、台面与横梁等组成（图7.15）。目前常用的墩式台座，台座局部加厚，使台墩与台面共同承受张拉力。台座的长度和宽度由场地大小、构件类型和产量而定，一般长度为100～150m。这样既可以利用钢丝长的特点，张拉一次生产多个构件，又可以减少因钢丝滑动或横梁变形引起的应力损失。在台座的端部应留出张拉操作用地和通道，两侧要有构件运输和堆放的场地。生产空心楼板等平面布筋的钢筋混凝土构件时，由于张拉力不大，可采用简易墩式台座，如图7.16所示。

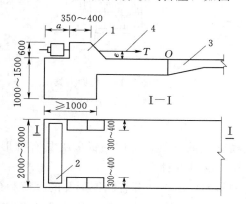
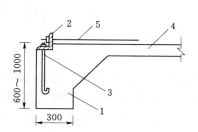

图7.15　墩式台座
1—混凝土墩；2—钢横梁；3—局部加厚台面；
4—预应力钢筋

图7.16　简易墩式台座
1—混凝土梁；2—角钢；3—预埋螺栓；
4—台面；5—预应力钢丝

2. 槽式台座

槽式台座由端柱、传力柱、柱垫、横梁和台面等组成，既可承受张拉力，又可作蒸汽养护槽，适用于张拉吨位较高的大型构件，如吊车梁、薄腹梁、屋架等。槽式台座构造如图7.17所示。

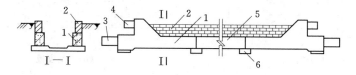

图7.17　槽式台座
1—钢筋混凝土端柱；2—砖墙；3—下横梁；4—上横梁；5—传力柱；6—柱垫

槽式台座由长度一般为45m（可生产6根6m吊车梁）。为便于混凝土运输与蒸汽养护，台座应低于地面。

7.3.2.2　夹具

夹具是预应力筋进行张拉和临时固定的工具，要求夹具工作可靠，构造简单，施工方便，成本低。根据夹具的工作特点分为张拉夹具和锚固夹具。

1. 张拉夹具

张拉夹具是将预应力筋与张拉机械连接起来，进行预应力张拉的工具。常用的张拉夹具有两种：偏心式夹具和楔形夹具。偏心式夹具由一对带齿的月牙形偏心块组成，如图7.18所示；楔形夹具由锚板和楔块组成，如图7.19所示。

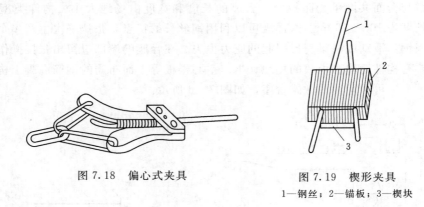

图 7.18　偏心式夹具

图 7.19　楔形夹具
1—钢丝；2—锚板；3—楔块

2. 锚固夹具

锚固夹具是将预应力筋临时固定在台座横梁上的工具。常用的锚固夹具有锥形夹具、圆套筒、三片式夹具、方套筒两片式夹具、镦头夹具5种。

锥形夹具：锥形夹具是用来锚固预应力钢丝的，由中间开有圆锥形孔的套筒和刻有细齿的锥形齿板或锥销组成，分别称为齿板式夹具和圆锥三槽式夹具，如图7.20和图7.21所示。

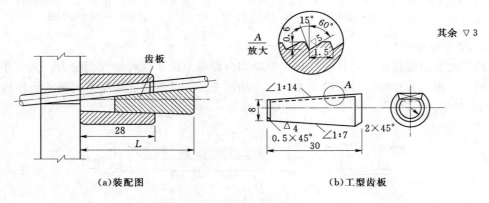

（a）装配图　　　　　　　　　　　（b）工型齿板

图 7.20　圆锥齿板式夹具（单位：mm）

圆锥齿板式夹具的套筒和齿板均用45号钢制作。套筒不需作热处理，齿板热处理后的硬度应达到 HRC40～HRC50。

圆锥三槽式夹具锥销上有三条半圆槽，依锥销上半圆槽的大小，可分别锚固一根Φ^b3、Φ^b4 或Φ^b5 钢丝。套筒和锥销均用45号钢制作，套筒不作热处理，锥销热处理后的硬度应达到 HRC40～HRC45。

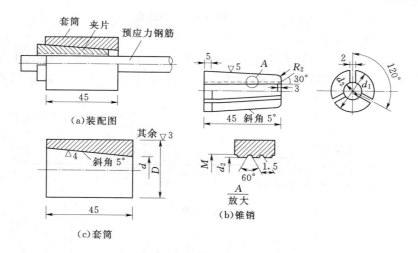

图 7.21　圆锥三槽式夹具

锥形夹具工作时依靠预应力钢丝的拉力就能够锚固住钢丝。锚固夹具本身牢固可靠地锚固住预应力筋的能力称为自锚。

镦头夹具：预应力钢丝或钢筋的固定端常采用镦头锚固。冷拔低碳钢丝可采用冷镦或热镦方法制作镦头；碳素钢丝只能采用冷镦方法制作镦头；直径小于 22mm 的钢筋可在对焊机上采用热锻方法制作镦头；大直径的钢筋只能采用热锻方法锻制镦头。镦头夹具如图 7.22 所示。

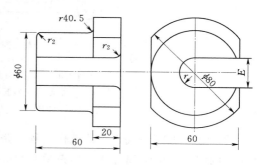

图 7.22　单根镦头夹具（单位：mm）

7.3.2.3　张拉机械

先张法施工中预应力筋可单根张拉或多根成组张拉，常用的张拉机械如下。

1. 电动螺杆张拉机

电动螺杆张拉机由张拉螺杆、变速箱、拉力架、承力架和张拉夹具组成。最大张拉力为 $300 \sim 600$kN，张拉行程为 800mm，自重 400kg，为了便于转移和工作，将其装置在带轮的小车上。电动螺杆张拉机可以张拉预应力钢筋也可以张拉预应力钢丝，如图 7.23 所示。

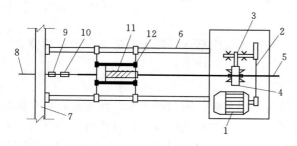

图 7.23　电动螺杆张拉机

1—电动机；2—皮带传动；3—齿轮；4—齿轮螺母；5—螺杆；
6—顶杆；7—台座横梁；8—钢丝；9—锚固夹具；
10—张拉夹具；11—弹簧测力器；12—滑动架

电动螺杆张拉机的工作过程是：工作时顶杆支承到台座横梁上，用张拉夹具夹紧预应力筋，开动电动机使螺杆向右侧运动，对预应力筋进行张拉，达到控制应力要求时停车，并用预先套在预应力筋上的锚固夹具将预应力筋临时锚固在台座的横梁上，然后开倒车，使电动螺杆张拉机卸荷。

2. YC-200 型穿心式千斤顶

张拉直径 12～20mm 的单根预应力钢筋，可采用 YC-200 型穿心式千斤顶，如图 7.24 所示。最大张拉力 200kN，张拉行程 200mm，由偏心式夹具、油缸和弹性顶压头组成。

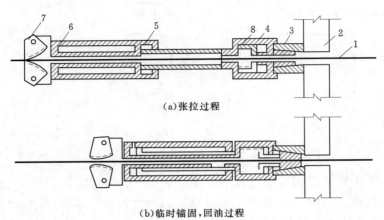

（a）张拉过程

（b）临时锚固，回油过程

图 7.24　YC-200 型穿心式千斤顶工作示意图
1—钢筋；2—台座；3—圆套筒三片式夹具；4—弹性顶压头；
5、6—油嘴；7—偏心式夹具；8—弹簧

YC-200 型穿心式千斤顶工作过程。张拉预应力钢筋的工作过程——油嘴 6 进油，油缸向左侧伸出，由于偏心式夹具夹紧了预应力钢筋，预应力钢筋被张拉。临时锚固预应力钢筋和回油的工作过程——油缸向左伸出至最大行程，如果预应力钢筋尚未达到控制应力，则需进行第二次张拉预应力钢筋的工作过程。为此，先使油嘴 6 缓缓回油，这时由于预应力钢筋回缩和弹性顶压头的共同作用，将圆套筒三片式夹具的夹片推入到套筒，而将预应力钢筋临时锚固在台座的横梁上。再向油嘴 5 进油，此时偏心式夹具自动松开，油缸退回到零行程位置，便完成了一个张拉循环过程。为将预应力钢筋张拉达到控制应力的要求，常需要经过若干个张拉循环过程才能完成。

7.3.3　先张法施工工艺

先张法施工工艺大致可分为三个阶段：张拉预应力筋→混凝土的浇筑养护→预应力钢筋放张。

7.3.3.1　张拉预应力筋

长线台座台面（或胎模）在铺放钢丝前应涂隔离剂。隔离剂不应沾污钢丝，以免影响钢丝与混凝土的黏结。如果预应力筋遭受污染，应使用适当的溶剂加以清洗。

预应力钢丝宜用牵引车铺设。如遇钢丝需要接长，可借助于钢丝拼接器用 20～22 号铁丝密排绑扎（图 7.25）。绑扎长度：对冷拔低碳钢丝不得小于 40 倍钢丝直径；对高强刻痕钢丝不得小于 80 倍钢丝直径。

预应力筋张拉所用机具设备及仪表应定期维护和校验。张拉设备应配套校验，以确定张拉力与仪表读数的关系曲线。压力表的精度不宜低于 1.5 级，校验张拉设备用的试验机或测力计精度不得低于 ±2%。校验时千斤顶活塞的运行方向应与实际张拉工作状态一致，校验期限不宜超过半年，设备出现反常现象或在检修后，应重新校验。

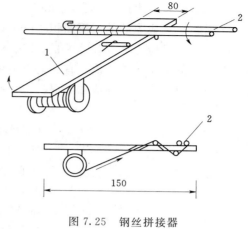

图 7.25　钢丝拼接器
1—拼接器；2—钢丝

张拉控制应力的数值直接影响预应力的效果，控制应力越高，建立的预应力值则越大。但控制应力过高，预应力筋处于高应力状态，使构件出现裂缝的荷载与破坏荷载接近，破坏前无明显的预兆，这是不允许的。因此，预应力筋的张拉控制应力（σ_{con}）应符合设计规定。为了部分抵消由于应力松弛、摩擦、钢筋分批张拉以及预应力筋与张拉台座之间的温差因素产生的预应力损失，施工中预应力筋需超张拉时，可比设计要求提高 5%，但其最大张拉控制应力不得超过表 7.2 的规定。

表 7.2　　　　　　　　　　　　最大张拉控制允许应力值

钢　　种	张　拉　方　法	
	先张法	后张法
碳素钢丝、刻痕钢丝、钢绞线	$0.80f_{ptk}$	$0.75f_{ptk}$
热处理钢筋、冷拔低碳钢丝	$0.75f_{ptk}$	$0.70f_{ptk}$
冷拉钢筋	$0.95f_{pyk}$	$0.90f_{pyk}$

注　f_{ptk} 为预应力筋极限抗拉强度标准值；f_{pyk} 为预应力筋屈服强度标准值。

张拉程序可按下列之一进行：

$$0 \rightarrow 105\%\sigma_{con} \xrightarrow{\text{持荷 2min}} \sigma_{con}$$

或

$$0 \rightarrow 103\%\sigma_{con}$$

建立上述张拉程序的目的是为了减少预应力筋的应力松弛损失。所谓"松弛"，即钢材在常温、高应力状态下具有不断产生塑性变形的特点。松弛的数值与控制应力和延续时间有关，控制应力高，松弛也大，所以钢丝、钢绞线的松弛损失比冷拉热轧钢筋大。松弛损失还随着时间的延续而增加，但在第一分钟内可完成损失总值的 50% 左右，24h 内则可完成 80%。上述张拉程序，如先超张拉 5%σ_{con} 再持荷 2min，则可减少 50% 以上的松弛损失。超张拉 3%σ_{con}，亦是为了弥补预应力钢筋的松弛等原因所造成的预应力损失。

预应力钢筋张拉后，一般要校核其伸长值。其理论伸长值与实际伸长值的误差不应超过 +10%、−5%。如果超过，应暂停张拉，查明原因，采取措施予以调整后，方可继续张拉施工。预应力筋的理论伸长值 Δl 按式（7.1）计算：

$$\Delta l = \frac{F_p l}{A_p E_s} \tag{7.1}$$

式中　F_p——预应力筋的平均张拉力，kN；

l——预应力筋的长度，mm；

A_p——预应力筋的截面面积，mm^2；

E_s——预应力筋的弹性模量，kN/mm^2。

预应力筋的实际伸长值，宜在初应力约 $10\%\sigma_{con}$ 时量测，但必须加上初应力以下的推算伸长值。对后张法，尚应扣除混凝土构件在张拉过程中的弹性压缩值。

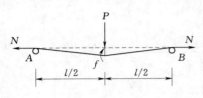

图 7.26　钢丝测力计原理

采用钢丝作预应力筋时，不作伸长值校核。但应在钢丝锚固后，用钢丝测力计检查钢丝应力，其偏差按一个构件全部钢丝的应力平均值计算，不得超过设计值的 $\pm5\%$。测定钢丝的应力可用测力计，其原理如图 7.26 所示。在受拉钢丝的某一段 l 设两支点 A、B，在 AB 段中点加一横向力 P，则钢丝的挠度和其拉力 N 的关系为：

$$N = \frac{Pl}{4f} \tag{7.2}$$

如取 l 为定值，f 为常数，则 N 与 P 成正比。

张拉时应以稳定的速度逐渐加大拉力，且应先张拉靠近台座截面重心处的预应力筋。张拉完毕，预应力筋对设计位置的偏差不得大于 5mm，也不得大于构件截面最短边长的 4%。

多根钢丝同时张拉时，断裂和滑脱的钢丝数量不得超过结构同一截面钢材总根数的 5%，且严禁相邻两根预应力钢丝断裂和滑脱。构件在浇筑混凝土前发生断裂或滑脱的预应力钢丝必须予以更换。

7.3.3.2　混凝土的浇筑与养护

为了尽量减少混凝土的收缩和徐变，以减少预应力损失，确定预应力混凝土的配合比时，应采用低水灰比，控制水泥用量，骨料采用良好的级配。

预应力筋张拉、绑扎和立模工作完成之后，即应浇筑混凝土，每条生产线应一次浇筑完毕。混凝土要保证振捣密实，特别是构件端部，以保证混凝土的强度和黏结。为保证钢丝与混凝土有良好的黏结，浇筑时振动器不应碰撞钢丝，混凝土未达到一定强度前也不允许碰撞或踩动钢丝。

预应力混凝土可采用自然养护或湿热养护。当预应力混凝土进行湿热养护时，应采取正确的养护制度以减少由于温差引起的预应力损失。预应力筋张拉后锚固在台座上，温度升高后预应力筋膨胀，而台座的温度和长度无变化，因而预应力筋的应力减少。如果在这种情况下混凝土逐渐硬结，而预应力筋由于温度升高而引起的应力减少则永远不能恢复，所以引起预应力损失。为了减少温差造成的预应力损失，应使混凝土在达到一定强度（粗钢筋配筋时为 7.5MPa，钢丝、钢绞线配筋时为 10MPa）之前，温差限制在一定范围内（一般不超过 20℃）。以机组流水法或传送带法用钢模制作预应力构件，湿热养护时由于钢模与预应力筋同步伸缩，故不存在因温差而引起的预应力损失。

7.3.3.3　预应力筋放张

预应力筋放张前，张拉力由台座承受，构件并未受到预应力，待预应力筋放张后，张拉力即靠钢筋与混凝土的黏结力施加于混凝土构件上。所以，放张预应力筋时，混凝土强度必须达到一定值，且混凝土与钢筋有足够的黏结力。施工规范规定放张预应力筋时混凝土强度必须符合设计要求；如设计无专门要求时，不得低于设计混凝土强度标准值的75％。放张过早会由于预应力筋回缩而引起较大的预应力损失。

1. 放张顺序

预应力筋的放张顺序应符合设计要求，当设计无要求时，应符合下列规定：

（1）对承受轴心预压力的构件（压杆、桩等），所有预应力筋应同时放张。

（2）对承受偏心预压力的构件（如吊车梁），应先同时放张预压力较小区域的预应力筋，再同时放张预压力较大区域的预应力筋。

（3）如不能满足上述要求时，应分阶段、对称、相互交错进行放张，以防止在放张过程中构件产生翘曲、裂纹及预应力筋断裂等现象。

放张前应拆除侧模，使放张时构件能自由压缩，否则将损坏模板或造成构件开裂，对有横肋的构件（如大型屋面板），其横肋断面应有适宜的斜度，或采用活动模板，以免放张钢筋时构件端肋开裂。

2. 放张方法

配筋不多的中小型钢筋混凝土构件，钢丝可用砂轮锯或切断机切断等方法放张。配筋多的钢筋混凝土构件，钢丝应同时放张，如逐根放张，则最后几根钢丝将由于承受过大的拉力而突然断裂，易使构件端部开裂。

放张后预应力筋的切断顺序，一般由放张端开始，逐次切向另一端。

预应力筋为钢筋时，对热处理钢筋及冷拉Ⅳ级钢筋，不得用电弧切割，宜用砂轮锯或切断机切断。数量较多时，应同时放张，可用油压千斤顶、砂箱、楔块等装置，如图7.27所示。

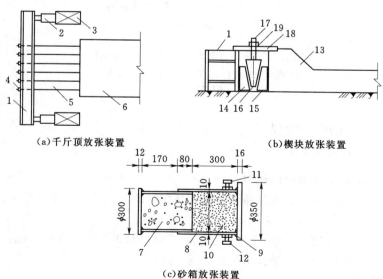

(a)千斤顶放张装置　　(b)楔块放张装置

(c)砂箱放张装置

图 7.27　预应力钢筋放张装置

1—横梁；2—千斤顶；3—承力架；4—夹具；5—钢丝；6—构件；7—活塞；8—套箱；9—套箱底板；
10—砂；11—进砂口；12—出砂口；13—台座；14、15—钢质固定楔块；
16—钢质滑动楔块；17—螺杆；18—承力板；19—螺母

7.4 后 张 法

后张法是先制作混凝土构件，并在构件中按预应力筋的位置预先留设孔道，待构件混凝土强度达到设计规定值后，穿入预应力筋，用张拉机具进行张拉，最后并利用锚具把张拉后的预应力筋锚固在构件的端部。预应力筋的张拉力，主要靠构件端部的锚具传给构件混凝土，使混凝土产生预压应力。张拉锚固后，立即在预留孔道内灌浆，使预应力筋不受锈蚀，并与构件形成整体。其优点是直接在构件上张拉，不需要专门的台座，现场生产时可避免构件的长途搬运，所以适宜于在现场生产的大型构件，特别是大跨度的构件，如薄腹梁、吊车梁和屋架等。后张法又可作为一种预制构件的拼装手段，可先在预制厂制作小型块体，运到现场后，穿入钢筋，通过施加预应力拼装成整体。但后张法需要在钢筋两端设置专门的锚具，这些锚具永远留在构件上，不能重复使用，耗用钢材较多，且要求加工精密，费用较高；同时，由于留孔、穿筋、灌浆及锚具部分预压应力局部集中处需加强配筋等原因，使构件端部构造和施工操作都比先张法复杂，所以造价一般比先张法高。图7.28 所示为预应力混凝土后张法生产示意图。

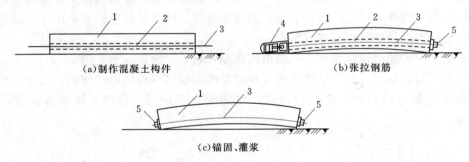

(a)制作混凝土构件　　　　　　　　　　　　(b)张拉钢筋

(c)锚固、灌浆

图 7.28　预应力混凝土后张法生产示意图

1—混凝土构件；2—预留孔道；3—预应力筋；

4—千斤顶；5—锚具

7.4.1　后张法施工的生产流程

后张法施工工艺流程如图 7.29 所示。

7.4.2　锚具、预应力筋和张拉机具

在后张法中，预应力筋、锚具和张拉机具是配套的。目前，后张法中常用的预应力筋有单根粗钢筋、钢筋束（或钢绞线束）和钢丝束三类。它们是由冷拉 HRB335、HRB400、RRB400 级钢筋，冷拉 5 号钢筋，碳素钢丝和钢绞线制作的。锚具有多种类型，锚具须具有可靠的锚固能力。张拉机具是液压千斤顶。

7.4.2.1　锚具的分类

后张法的锚具是结构的重要组成部分，锚具的好坏是保证预应力值和结构安全的关键。锚具按其锚固性能分为两类：

Ⅰ类锚具：适用于承受动、静荷载的预应力混凝土结构。

Ⅱ类锚具：仅适用于有黏结预应力混凝土结构，且锚具只能处于预应力筋应力变化不大的部位。

Ⅰ类、Ⅱ类锚具的静载锚固性能，应由预应力锚具组装件静载试验测定的锚具效率系数 η_a 和达到实测极限拉力时的总应变 $\varepsilon_{apu,tot}$ 确定。

Ⅰ类锚具：$\eta_a \geqslant 0.95$，$\varepsilon_{apu,tot} \geqslant 2.0\%$。

Ⅱ类锚具：$\eta_a \geqslant 0.90$，$\varepsilon_{apu,tot} \geqslant 1.7\%$。

锚具效率系数 η_a 应按式（7.3）计算：

$$\eta_a = \frac{F_{apu}}{\eta_p \times F_{apu}^C} \tag{7.3}$$

式中 F_{apu}——预应力筋锚具组装件的实测极限拉力，kN；

F_{apu}^C——预应力筋锚具组装件中各根预应力钢材计算极限拉力之和，kN；

η_p——预应力筋的效率系数。

对于重要预应力混凝土结构工程使用的锚具，η_p 应按国家现行标准《预应力筋

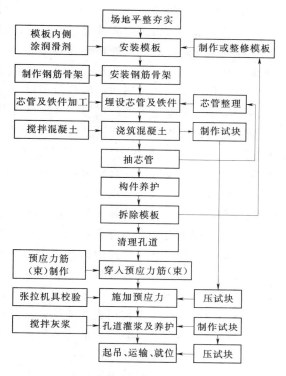

图 7.29　后张法生产工艺流程示意图

用锚具、夹具和连接器应用技术规程》（JGJ 85—2010）计算确定。对于一般预应力混凝土结构工程使用的锚具，当预应力筋为钢丝、钢绞线或热处理钢筋时，η_p 取 0.97；当预应力筋为冷拉 HRB335、HRB400、RRB400 级钢筋时，η_p 取 1.00。

静载性能试验采用的预应力筋锚具（夹具、连接器）组装件，应由锚具（夹具、连接器）的全部零件和预应力筋组装而成。组装应符合设计要求，当设计无具体要求时，不得在锚固零件上添加影响锚固性能的物质，如金刚砂、石墨等。预应力筋应等长平行，使之受力均匀，其受力长度不得小于 3m。单根预应力筋的锚具组装件试件，预应力筋的受力长度不得小于 0.6m；钢丝镦头锚具组装件试验前，应进行六个试件的镦头强度试验，其镦头强度不得低于钢丝标准强度的 98%。

Ⅰ类锚具组装件，除必须满足静载锚固性能外，尚必须满足循环次数为 200 万次的疲劳性能试验。疲劳性能试验的荷载应按下列规定取用：①当预应力筋为钢丝、钢绞线或热处理钢筋时，试验应力上限 σ_{max} 为预应力筋强度标准值的 65%，应力幅度为 80N/mm²；②当预应力筋为冷拉 HRB335、HRB400、RRB400 级钢筋时，试验应力上限 σ_{max} 为预应力筋强度标准值的 80%，应力幅度为 80N/mm²。

Ⅰ类锚具组装件在抗震结构中，尚应满足循环次数为 50 次的周期荷载试验。试验荷载应按下列规定取用：①当预应力筋为钢丝、钢绞线或热处理钢筋时，试验应力上限为预应力筋强度标准值的 80%，下限为预应力筋强度标准值的 40%；②当预应力筋为冷拉 HRB335、HRB400、RRB400 级钢筋时，试验应力上限为预应力筋强度标准值，下限为

预应力筋强度标准值的 40%。

除上述要求外，锚具尚应符合下列规定：①当预应力筋锚具组装件达到实测极限拉力时，除锚具设计允许的现象外，全部零件均不得出现肉眼可见的裂缝或破坏；②除能满足分级张拉及补张拉工艺外，宜具有能放松预应力筋的性能；③锚具或其附件上宜设置灌浆孔道，灌浆孔道应有使浆液通畅的截面面积。

用于后张法的预应力筋连接器，必须符合 I 类锚具锚固性能的要求。

预应力筋锚具、夹具和连接器验收批的划分，在同种材料和同一生产条件下，锚具、夹具应以不超过 1000 套组为一个验收批；连接器应以不超过 500 套组为一个验收批。锚具、夹具和连接器应有出厂合格证，并在进场时按规范规定验收：

（1）外观检查。应从每批中抽取 10% 但不少于 10 套的锚具检查其外观和尺寸。当有一套表面有裂纹或超过产品标准及设计图纸规定尺寸的允许偏差时，应另取双倍数量的锚具重做检查，如仍有一套不符合要求，则不得使用或逐套检查，合格者方可使用。

（2）硬度检查。应从每批中抽取 5% 但不少于 5 件的锚具，对其中有硬度要求的零件做硬度试验，对多孔夹片式锚具的夹片，每套至少抽取 5 片。每个零件测试 3 点，其硬度应在设计要求范围内，当有一个零件不合格时，应另取双倍数量的零件重做试验，如仍有一个零件不合格，则不得使用或逐个检查，合格者方可使用。

（3）静载锚固性能试验。经上述两项试验合格后，应从同批中抽取 6 套锚具（夹具或连接器）组成 3 个预应力筋锚具（夹具、连接器）组装件，进行静载锚固性能试验，当有一个试件不符合要求时，应另取双倍数量的锚具（夹具或连接器）重做试验；如仍有一套不合格，则该批锚具（夹具或连接器）为不合格品。

7.4.2.2 单根粗钢筋

单根粗钢筋一般指直径 18～36mm 冷拉 HRB235、HRB335、HRB400 级钢筋。

1. 锚具

单根粗钢筋的预应力筋，其锚具有两种：张拉端一般用螺丝端杆锚具；固定端一般用帮条锚具或镦头锚具。

螺丝端杆锚具由螺丝端杆和螺母及垫板组成，如图 7.30 所示。螺丝端杆与预应力筋对焊连接，张拉设备张拉螺丝端杆用螺母锚固。螺丝端杆与预应力钢筋的焊接，应在预应力钢筋冷拉以前进行。预应力钢筋进行冷拉时，螺母应在端杆的端部，使拉力由螺母传至端杆和预应力筋。

帮条锚具是由一块方形或圆形衬板与三根互成 120° 的钢筋帮条与预应力钢筋端部焊接而成，如图 7.31 所示。适用于锚固直径在 12～40mm 的冷拉 HRB335、HRB400 级钢筋。帮条应在预应力筋冷拉前焊接。

镦头锚具由镦头和垫板组成。当预应力筋直径在 22mm 以内时，端部镦头可用对焊机热镦。当钢筋直径较大时可采用加热锻打成型。

2. 张拉机具

单根粗钢筋的张拉机具，可选用 YL 型油压式拉伸机（图 7.32）或 YC 型穿心式千斤顶。张拉力达到规定值后，拧紧螺丝端杆上的螺母，回油卸载后卸下连接器和张拉机具，张拉结束。

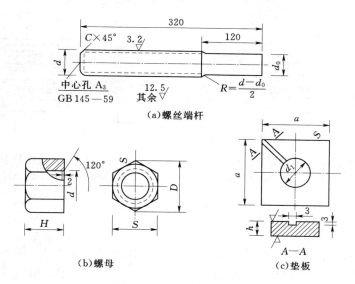

(a)螺丝端杆

(b)螺母

(c)垫板

图 7.30　螺丝端杆锚具

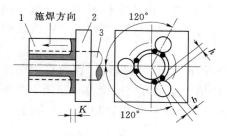

图 7.31　帮条锚具

1—帮条；2—衬板；3—主筋

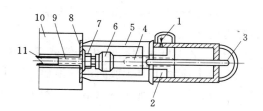

图 7.32　拉伸机

1—张拉进油嘴；2—张拉油缸；3—副缸油嘴；4—副缸；

5—传力架；6—连接器；7—螺母；8—预埋板；

9—螺丝端杆；10—构件；11—预应力钢筋

7.4.2.3　钢筋束和钢绞线束

钢筋束和钢绞线束常用的锚具有 JM12、JM15 型夹片式锚具，KT－Z 型可锻铸铁锥形锚具和 QM、XM 型独立夹片锚具以及固定端用的钢筋镦头锚具。其张拉机具与锚具种类配套。

1. JM 型锚具

JM 型锚具的构造如图 7.33 所示，根据夹片数量的不同，JM12 型可锚固 3～6 根 φ12 钢绞线组成的钢绞线束。

用于锚固哪一类钢筋，就在型号前加上类别，再在型号后加上钢筋根数，如光 JM12-5 用于锚固 5 根 φ12 的光圆钢筋束，绞 JM12-6 用于锚固 6 根 φ12 的钢绞线束。

张拉机具可使用 YC 型穿心式千斤顶（图 7.34），该类型千斤顶除了有用于张拉的工作油缸外，还有一个顶压油缸，称为双作用千斤顶。当张拉力达到规定值后，顶压油缸进

121

油，则千斤顶的顶压头可将锚环中的夹片顶紧，达到锚固钢筋的作用。

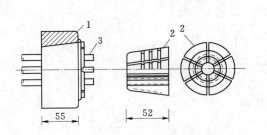

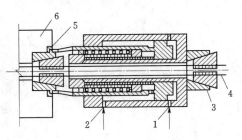

图 7.33　JM 型锚具

1—锚环；2—夹片；3—预应力钢筋

图 7.34　穿心千斤顶张拉 JM12 锚具

1—张拉进油嘴；2—顶压进油嘴；3—工具锚；
4—预应力钢筋；5—JM12 工作锚；6—构件

2. KT - Z 型锚具

KT - Z 型锚具由可锻铸铁成型，由锚环和锥销组成（图 7.35）。螺 KT - Z - 3～6 型用于锚固 3～6 根 Φ12 钢筋组成的钢筋束，绞 KT - Z - 3～6 型用于锚固 3～6 根 Φ12 钢绞线组成的钢绞线束。

使用 KT - Z 型锚具时，由于锚环有锥度，预应力筋在通过锚环张拉时形成弯折，因而产生摩擦阻力导致预应力损失，损失值对于钢筋束约为控制应力的 4%，对于钢绞线约为控制应力的 2%。

使用 KT - Z 型锚具时，可用锥锚式双作用或三作用千斤顶，张拉前，预先将钢筋束或钢绞线束分束楔紧在千斤顶周边的锥形卡环上。三作用千斤顶可完成张拉、顶压、退楔三个过程，双作用千斤顶则不能退楔。图 7.36 所示为三作用千斤顶构造和安装示意图。

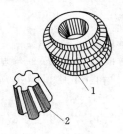

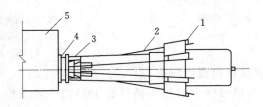

图 7.35　KT - Z 型锚具

1—锚环；2—锚塞

图 7.36　锥锚式三作用千斤顶

1—楔块；2—预应力钢筋；3—定位钢环；
4—KT - Z 型锚具；5—构件

3. 固定端用镦头锚具

固定端用镦头锚具（图 7.37）由带孔的锚固钢板和带镦头的钢筋组成，成本较其他锚具低，用于固定端锚固钢筋束。

4. XM 和 QM 型锚具

XM 型锚具由带喇叭管的多孔锚板和能够相互独立工作的若干夹片组成（图 7.38），用于锚固钢筋束和钢绞线束。QM 型锚具也是由锚板与夹片组成（图 7.39）。

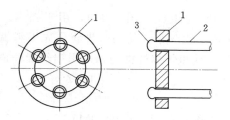

图 7.37 镦头锚具

1—锚板；2—预应力钢筋；3—钢筋镦头

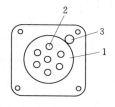

图 7.38 XM 型锚具

1—锚环；2—圆锥孔；3—灌浆孔；4—夹片

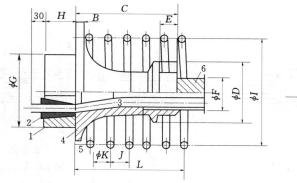
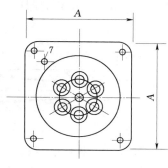

图 7.39 QM 型锚具及配件

1—锚板；2—夹片；3—钢绞线；4—喇叭形铸铁垫板；5—弹簧圈；6—波纹管；7—灌浆孔

XM 型的每组夹片由 3 个小夹片组成，夹片之间为斜开缝，QM 型夹片间为直开缝。锚板上仅开一孔的称为单孔锚，开有多孔的称为群锚。

配合 XM 或 QM 锚具的预应力张拉，可采用 YCD120 或 YCD200 型大孔径穿心式千斤顶配以与多孔锚具配套的顶压器（用于锚固时压紧夹片）。若采用 YCQ 型穿心式千斤顶，则由钢绞线回缩时将夹片带入压紧，锚固造成的预应力损失稍大。

7.4.2.4 钢丝束

钢丝束一般由几根到几十根 5Φ3～5 的平行的碳素钢丝组成，常用的锚具有钢质锥形锚具、锥形螺杆锚具和钢丝束镦头锚具，也可用前述的 XM 和 QM 型锚具。

1. 钢质锥形锚具

钢质锥形锚具（图 7.40）由锚环和锚塞组成，锚塞表面刻有齿纹，以卡紧钢丝，防止滑动。

钢丝束张拉，可采用前述锥锚式千斤顶。

钢质锥形锚具虽然加工容易、成本低，但锚固时，钢丝直径的误差易导致单根或多根钢丝滑丝现象，且滑丝后难以补救。按施工规范要求，钢丝滑脱或断裂数严禁超过结构同一截面钢丝数量的 3%，且一束钢丝只允许滑脱或断裂一根。

图 7.40 钢质锥形夹具

1—锚环；2—锚塞

123

2．锥形螺杆锚具

锥形螺杆锚具由带前端锥体的螺杆、螺母和套筒组成（图 7.41），用于锚固 14 根、16 根、20 根、24 根和 28 根直径 5mm 的钢丝组成的钢丝束。使用时先将预先下料编束的钢丝束用套筒锚固于螺丝端杆的锥体上，其张拉机具和张拉过程均和采用螺丝端杆锚具的单根粗钢筋相同，用拉伸机或 YC 型千斤顶张拉。

3．钢丝束镦头锚具

钢丝束镦头锚具分为张拉端使用的 DM5A 型和固定端使用的 DM5B 型（图 7.42）。DM5A 型由锚环和螺母组成，锚环底板上钻有多个锚孔，用于穿过钢丝。内外壁均加工有螺纹，内螺纹用于张拉时连接张拉机的拉杆，外螺纹用于拧紧螺母锚固钢丝束。DM5B 型则比较简单，由钢板钻孔后制成。

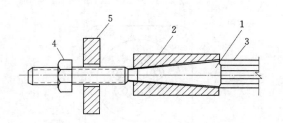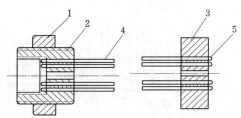

图 7.41　锥形螺杆锚具
1—锥体；2—套筒；3—预应力钢丝；
4—螺母；5—垫板

图 7.42　DM5A、DM5B 型镦头锚具
1—螺母；2—锚环；3—固定端锚板；
4—预应力钢丝；5—镦头

7.4.3　后张法施工工艺

这里主要介绍后张法施工中的孔道留设、预应力钢筋张拉和孔道灌浆三部分。

7.4.3.1　孔道留设

孔道的直径一般比预应力钢筋（束）外径（包括钢筋对焊接头处外径或必须穿过孔道的锚具外径）大 10～15mm，以利于预应力钢筋穿入。孔道的留设方法有抽芯法和预埋管法。

1．抽芯法

该方法在我国已有较长的历史，相对价格比较便宜。但此方法也有一定的局限性。如对大跨度结构、大型的或形状复杂的特种结构及多跨连续结构等，因孔道密集就难以适应。抽芯法一般有两种，即钢管抽芯法与胶管抽芯法。

（1）钢管抽芯法。这种方法大都用于留设直线孔道时，预先将钢管埋设在模板内的孔道位置处。钢管要平直，表面要光滑，每根长度最好不超过 15m，钢管两端应各伸出构件约 500mm。较长的构件可采用两根钢管，中间用套管连接（图 7.43）。在混凝土浇筑过程中和混凝土初凝后，每间隔一定时间慢慢转动钢管，不让混凝土与钢管黏结牢固，等到混凝土终凝前抽出钢管。抽管过早，会造成坍孔事故；太晚，则混

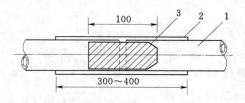

图 7.43　钢管连接方式（单位：mm）
1—钢管；2—白铁皮套管；3—硬木塞

凝土与钢管黏结牢固，抽管困难。一般抽管时间在浇筑后 3～6h。抽管顺序宜先上后下，抽管可采用人工或用卷扬机，速度必须均匀，边抽边转，使孔道保持直线。抽管后应及时检查孔道情况，做好孔道清理工作。

（2）胶管抽芯法。此方法不仅可以留设直线孔道，亦可留设曲线孔道，胶管弹性好，便于弯曲，一般有五层或七层夹布胶管和钢丝网橡皮管两种。胶管具有一定弹性，在拉力作用下，其断面能缩小，故在混凝土初凝后即可把胶管抽拔出来。夹布胶管质软，必须在管内充气或充水。在浇筑混凝土前，向胶皮管中充入压力为 0.6～0.8MPa 的压缩空气或压力水，此时胶皮管直径可增大 3mm 左右，然后浇筑混凝土，待混凝土初凝后，放出压缩空气或压力水，胶管孔径变小，并与混凝土脱离，随即抽出胶管，形成孔道。抽管顺序，一般应为先上后下，先曲后直。

一般采用钢筋井字形网架固定管子在模内的位置。井字网架间距：钢管为 1～2m；胶管直线段一般为 500mm 左右，曲线段为 300～400mm。

2. 预埋管法

预埋管采用一种金属波纹软管，由镀锌薄钢带经波纹卷管机压波卷成，具有质量轻、刚度好、弯折方便、连接简单、与混凝土黏结较好等优点。波纹管的内径为 50～100mm，管壁厚 0.25～0.3mm。除圆形管外，近年来又研制成一种扁形波纹管，可用于板式结构中，扁管的长边边长为短边边长的 2.5～4.5 倍。

这种孔道成型方法一般用于采用钢丝或钢绞线作为预应力钢筋的大型构件或结构中，可直接把下好料的钢丝、钢绞线在孔道成型前就穿入波纹管中，这样可以省掉穿束工序，亦可待孔道成型后再进行穿束。

对连续结构中呈现波浪状布置的曲线束，且高差较大时，应在孔道的每个峰顶处设置泌水孔，起伏较大的曲线孔道，应在弯曲的低点处设置排水孔；对于较长的直线孔道，应每隔 12～15m 设置排气孔。泌水孔、排气孔必要时可考虑作为灌浆孔用。波纹管的连接可采用大一号的同型波纹管，接头管的长度为 200mm，密封胶带封口。

7.4.3.2 预应力钢筋张拉

1. 混凝土的张拉强度

预应力钢筋的张拉是制作预应力构件的关键，必须按规范有关规定精心施工。张拉时构件或结构的混凝土强度应符合设计要求，当设计无具体要求时，不应低于设计强度标准值的 75%。

2. 张拉控制应力及张拉程序

预应力张拉控制应力应符合设计要求及最大张拉控制应力有关规定。其中后张法控制应力值低于先张法，这是因为后张法构件在张拉钢筋的同时，混凝土已受到弹性压缩，张拉力可以进一步补足；而先张法构件，是在预应力钢筋放松后，混凝土才受到弹性压缩，这时张拉力无法补足。此外，混凝土的收缩、徐变引起的预应力损失，后张法也比先张法小。

为了减小预应力钢筋的松弛损失等，与先张法一样采用超张拉法，其张拉程序为：

$$0 \rightarrow 1.05\sigma_{con} \xrightarrow{\text{持荷 2min}} \sigma_{con}, \quad \text{或} \quad 0 \rightarrow 1.03\sigma_{con}, \quad \sigma_{con} \text{ 为张拉控制应力。}$$

3. 张拉方法

张拉方法有一端张拉和两端张拉。两端张拉，宜先在一端张拉，再在另一端补足张拉力。如有多根可一端张拉的预应力钢筋，宜将这些预应力钢筋的张拉端分别设在结构的两端。

长度不大的直线预应力钢筋，可一端张拉。曲线预应力钢筋应两端张拉。抽芯成孔的直线预应力钢筋，长度大于 24m 时应两端张拉，不大于 24m 时可一端张拉。预埋波纹管成孔的直线预应力钢筋，长度大于 30m 时应两端张拉，不大于 30m 时可一端张拉。竖向预应力结构宜采用两端分别张拉的方法，且以下端张拉为主。

安装张拉设备时，应使直线预应力钢筋张拉力的作用线与孔道中心线重合；曲线预应力钢筋张拉力的作用线与孔道中心线末端的切线重合。

4. 预应力值的校核

张拉控制应力值除了靠油压表读数来控制外，在张拉时还应测定预应力钢筋的实际伸长值。若实际伸长值与计算伸长值相差 10% 以上时，应检查原因，修正后再重新张拉。预应力钢筋的计算伸长值可由式（7.4）求得：

$$\Delta L = \frac{\sigma_{con}}{E_s} L \tag{7.4}$$

式中　ΔL——预应力钢筋的伸长值，mm；

σ_{con}——预应力钢筋张拉控制应力，N/mm²（如需超张拉，σ_{con} 取实际超张拉的应力值）；

E_s——预应力钢筋的弹性模量，N/mm²；

L——预应力钢筋的长度，mm。

5. 张拉顺序

选择合理的张拉顺序是保证质量的重要一环。当构件或结构有多根预应力钢筋（束）时，应分批张拉，此时按设计规定进行，如设计无规定或受设备限制必须改变时，则应经核算确定。张拉时宜对称进行，避免引起偏心。在进行预应力钢筋张拉时，可采用一端张拉法，亦可采用两端同时张拉法。当采用一端张拉时，为了克服孔道摩擦力的影响，使预应力钢筋的应力得以均匀传递，反复张拉 2～3 次，可以达到较好的效果。

采用分批张拉时，应考虑后批张拉预应力钢筋所产生的混凝土弹性压缩对先批预应力钢筋的影响，即应在先批张拉的预应力钢筋的张拉应力中增加 $E_s/E_b \cdot \sigma_h$。

先批张拉的预应力钢筋的控制应力 σ_{con}^1 应为

$$\sigma_{con}^1 = \sigma_{con} + \frac{E_s}{E_h} \sigma_h \tag{7.5}$$

式中　σ_{con}^1——先批预应力钢筋张拉控制应力，N/mm²；

σ_{con}——设计控制应力（即后批预应力钢筋张拉控制应力），N/mm²；

E_s——预应力钢筋的弹性模量，N/mm²；

E_h——混凝土的弹性模量，N/mm²；

σ_h——张拉后批预应力钢筋时在已张拉预应力钢筋重心处产生的混凝土法向应力，N/mm²。

对于平卧叠层浇制的构件，张拉时应考虑由于上下层间的摩阻引起的预应力损失，可由上至下逐层加大张拉力。对于钢丝、钢绞线、热处理钢筋，底层张拉力不宜比顶层张拉力大 5%；对于冷拉 II～IV 级钢筋，底层张拉力宜比顶层张拉力大 9%，且不得超过最大张拉控制应力允许值。如果隔离层效果较好，亦可采用同一张拉值。

7.4.3.3 孔道灌浆

后张法预应力钢筋张拉、锚固完成后，应立即进行孔道灌浆工作，以防锈蚀，提高结构的耐久性。

灌浆用的水泥浆，除应满足强度和黏结力的要求外，应具有较大的流动性和较小的干缩性和泌水性。应采用标号不低于 42.5 号的普通硅酸盐水泥；水灰比宜为 0.4 左右。对于空隙大的孔道可采用水泥砂浆灌浆，水泥浆及水泥砂浆的强度均不得小于 $20N/mm^2$。为增加灌浆密实度和强度，可使用一定比例的膨胀剂和减水剂。减水剂和膨胀剂均应事前检验，不得含有导致预应力钢材锈蚀的物质。建议拌和后的收缩率应小于 2%，自由膨胀率不大于 5%。

灌浆前孔道应湿润、洁净。对于水平孔道，灌浆顺序应先灌下层孔道，后灌上层孔道。对于竖直孔道，应自下而上分段灌注，每段高度视施工条件而定，下段顶部及上段底部应分别设置排气孔和灌浆孔。灌浆压力以 0.5～0.6MPa 为宜。灌浆应缓慢均匀地进行，不得中断，并应排气通畅。不掺外加剂的水泥浆，可采用二次灌浆法，以提高密实度。

7.5 无黏结预应力混凝土施工工艺

无黏结后张预应力起源于 20 世纪 50 年代的美国，我国 20 世纪 70 年代开始研究，80 年代初应用于实际工程中。无黏结后张预应力混凝土是在浇灌混凝土之前，把预先加工好的无黏结筋与普通钢筋一样直接放置在模板内，然后浇筑混凝土，待混凝土达到设计强度时，即可进行张拉。它与有黏结预应力混凝土的不同之处就在于：不需在放置预应力钢筋的部位预先留设孔道和沿孔道穿筋；预应力钢筋张拉完后，不需进行孔道灌浆。

7.5.1 无黏结预应力钢筋的制作

7.5.1.1 锚具

无黏结预应力构件中，锚具是把预应力筋的张拉力传递给混凝土的工具。因此，无黏结预应力筋的锚具不仅受力比有黏结预应力筋的锚具大，而且承受的是重复荷载。因而对无黏结预应力筋的锚具有更高的要求。无黏结筋的锚具性能，应符合 I 类锚具的规定。

我国主要采用高强钢丝和钢绞线作为无黏结预应力筋。高强钢丝预应力筋主要用镦头锚具；钢绞线作为无黏结预应力筋，则可采用 XM 型锚具。

7.5.1.2 无黏结预应力钢筋的制作

无黏结筋（图 7.44）的制作是无黏结后张预应力混凝土施工中的主要工序。无黏结筋一般由钢丝、钢绞线等柔性较好的预应力钢材制作，当用电热法张拉时，亦可用冷拉钢筋制作。

无黏结筋的涂料层应用防腐材料制作，一般防腐材料可以用沥青、油脂、蜡、环氧树

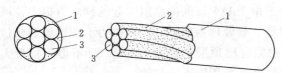

图 7.44　无黏结预应力筋
1—塑料外包层；2—防腐润滑脂；
3—钢绞线（或碳素钢丝束）

脂或塑料。涂料应具有良好的延性及韧性；在一定的温度范围内（至少在 $-20 \sim 70℃$）不流淌、不变脆、不开裂；应具有化学稳定性，与钢、水泥以及护套材料均无化学反应，不透水、不吸湿、防腐性能好；油滑性能好，摩擦阻力小，如规范要求，防腐油脂涂料层无黏结筋的张拉摩擦系数不应大于 0.12，防腐沥青涂料则不应大于 0.25。

7.5.2　无黏结预应力施工工艺

下面主要介绍无黏结预应力构件制作工艺中的几个主要问题，即无黏结预应力筋的铺设、张拉和锚头处理。

7.5.2.1　无黏结预应力筋的铺设

无黏结预应力筋使用前，应逐根进行检查外包层的完好程度，对有轻微破损者，可包塑料带补好，对破损严重者应予以报废。铺设双向配筋的无黏结预应力筋，应先铺设标高低的钢丝束，再铺设标高较高的钢丝束，以避免两个方向的钢丝束相互穿插。钢丝束的曲率，可用铁马凳（或其他构造措施）控制，铁马凳间隔不宜大于 2m。钢丝束就位后，标高及水平位置经调整、检查无误后，用铅丝与非预应力钢筋绑扎牢固，防止钢丝束在浇筑混凝土施工过程中位移。

7.5.2.2　无黏结预应力筋的张拉

无黏结预应力筋的张拉与后张法有黏结预应力钢丝束张拉相似。张拉程序一般采用 $0 \rightarrow 103\% \sigma_{con}$。由于无黏结预应力筋一般为曲线配筋，故应采用两端同时张拉。无黏结预应力筋的张拉顺序，应根据其铺设顺序，先铺设的先张拉，后铺设的后张拉。

无黏结预应力筋配置在预应力平板结构中往往很长，如何减少其摩阻损失值是一个重要的问题。影响摩阻损失值的主要因素是润滑介质、外包层和预应力筋截面形式。其中润滑介质和外包层的摩阻损失值，对一定的预应力束而言是个定值，相对较稳定。而截面形式则影响较大，不同截面形式其离散性是不同的，但如果能保证截面形状在全部长度内一致，则其摩阻损失值就能在一很小范围内波动。否则，因局部阻塞就有可能导致其损失值无法预测，故预应力筋的制作质量必须保证。摩阻损失值，可用标准测力计或传感器等测力装置进行测定。成束无黏结筋正式张拉前，宜先用千斤顶往复抽动 1~2 次，以降低张拉摩擦损失。

无黏结筋张拉过程中，当有个别钢丝发生滑脱或断裂时，可相应降低张拉力，但滑脱或断裂的根数，不应超过结构同一截面钢丝总根数的 2%。对于多跨双向连续板，其同一截面应按每跨计算。

7.5.2.3　锚头处理

锚头端部处理方法取决于无黏结筋与锚具种类。

在无黏结预应力筋采用钢丝束镦头锚具时，其张拉端头处理如图 7.45（a）所示。其中，塑料套筒供钢丝束张拉时锚环从混凝土中拉出来，软塑料管是用来保护无黏结筋钢丝束端部因穿锚具而损坏的塑料管。无黏结钢丝束的锚头防腐处理应特别重视，当锚环被拉出来后，塑料套筒内产生空隙，必须用油枪通过锚环的注油孔向套筒内注满防腐油脂，灌油后将外露锚具封闭好，避免长期与大气接触造成锈蚀。无黏结钢丝束的锚固端可采用扩大头的镦头锚板设置在构件内，如图 7.46（a）所示，并用螺旋状钢筋加强，若施工中端头无结构配筋时，需要配置构造钢筋，使锚固端锚板与混凝土之间有可靠锚固性能。

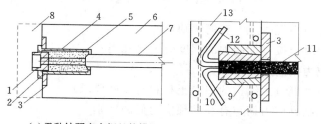

（a）无黏结预应力钢丝的锚固　　（b）钢绞线张拉端头打弯与封闭

图 7.45　无黏结筋张拉端详图

1—锚杯；2—螺母；3—预埋件；4—塑料套筒；5—建筑油脂；6—构件；7—软塑料管；

8—C30 混凝土封头；9—锚环；10—夹片；11—钢绞线；

12—散开打弯钢丝；13—圈梁

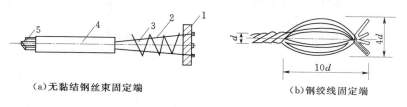

（a）无黏结钢丝束固定端　　　　　　（b）钢绞线固定端

图 7.46　黏结筋固定端详图

1—锚板；2—钢丝；3—螺旋筋；4—软塑料管；5—无黏结钢丝束

采用无黏结钢绞线夹片式锚具时。张拉端头构造简单，无须另加设施，张拉后端头钢绞线预留长度不小于 150mm，多余部分割掉，并将钢绞线散开打弯，埋在圈梁内加强锚固，如图 7.45（b）所示。无黏结钢绞线的锚固端，可采用压花成型，如图 7.46（b）所示，埋置在设计部位，这种做法的关键是张拉前锚固端的混凝土强度等级要达到设计强度才能形成可靠的黏结式锚头。

本 章 小 结

本章主要介绍了预应力混凝土的基本概念及其特点，预应力混凝土与普通混凝土比较，除能提高构件的抗裂强度和刚度外，还具有减轻自重、节约原材料、增加构件的耐久性、降低造价的优点。

先张法施工工艺：张拉预应力筋、浇筑混凝土、预应力筋放张三个阶段，每个阶段的施工不慎都可能引起预应力损失，施工过程中必须遵守施工质量验收规范的规定。

后张法预应力混凝土施工工艺：孔道留设、预应力筋制作、预应力筋张拉、孔道灌浆。

无黏结预应力混凝土是近几年发展的新技术，应用在高层建筑和较大跨度构件施工中。

　　预应力混凝土充分利用了钢筋与混凝土的性能。施工中应特别注重原材料的质量检验，不合格的材料不准用于构件上。

思　考　题

7.1　什么是预应力混凝土？有何优缺点？

7.2　预应力混凝土按预加应力的程度分为哪几类？

7.3　简述预应力钢筋的类型。

7.4　用于预应力混凝土结构的混凝土材料有哪些要求？

7.5　简述无黏结预应力筋与有黏结预应力筋的区别。

7.6　简述锚具和夹具的区别。锚具的类型有哪些？

7.7　何谓先张法？何谓后张法？比较它们的异同点？

7.8　简述后张法的施工工艺。

7.9　后张法如何对预应力筋张拉？

7.10　后张法留设孔道有几种方法？各有何优缺点？

7.11　后张法常用的锚具有哪些？

第8章 水下混凝土施工

【学习目标】 了解水下混凝土的特点及其原材料选择；熟悉水下混凝土配合比设计流程；
掌握导管法施工工艺。

【知 识 点】 水下混凝土的特点；导管法施工工艺。

【技 能 点】 能够合理选择水下混凝土原材料；能够根据工程要求合理布置导管。

8.1 水下混凝土简介

水下混凝土施工主要是指把拌制的流态混凝土用工程手段送入水下预定部位成型和硬
化的过程。主要适用于围堰、混凝土防渗墙、河道护岸等工程的防渗墙结构或基础工程，
水下建筑物加固与水下抗磨蚀部位混凝土的修补等工程。

水下混凝土有水下不分散混凝土和水下自密实混凝土之分。水下不分散混凝土是指掺
加特定性能的分散剂后，形成具有较强黏聚力，在水中不分散、自流平、自密实的混凝
土。水下自密实混凝土是掺适量的高性能减水剂和掺合料后，在水中浇筑依靠自重和自流
平特性填充密实、免振捣的混凝土。

水下不分散混凝土的特点如下。

1. 抗分散性

因为是水下环境施工，所以要求混凝土必须具有抗分散性。它主要通过在混凝土中掺
加水下不分散剂或者使入仓混凝土与水隔离来实现。

这样虽然保证了混凝土的施工质量，但因不分散剂的掺入，使得水下混凝土的材料成
本有所增大。所以，当水流速度超过 3m/s 时，应采取相应措施降低流速，以降低不分散
剂的掺入量。

2. 流动性

水下施工环境要求混凝土还要具有良好的流动性和填充性，能满足自流平、不振捣、
自密实的施工要求。为此，水下混凝土中水泥用量要比常规混凝土中水泥用量多。水下混
凝土流动性要通过试验确定，流动性的好坏，直接影响混凝土的浇筑质量。

3. 保水性

通过在混凝土中掺入不分散剂，提高混凝土的保水性，使其不出现或少出现泌水和浮
浆现象。

4. 凝结特性

水下混凝土的凝结时间随所用水下不分散剂的种类不同而不同。掺入纤维素系列时，
一般缓凝 5~15h，且随掺入量的增加和养护温度下降而延长凝结时间。也可以通过掺缓

凝型外加剂来调节时间。

8.2　水下混凝土配合比设计

8.2.1　原材料选择

原材料的质量直接影响水下混凝土的施工质量。因此，在混凝土生产过程中一定要对原材料进行合理选择和质量检验，检验合格后方可进行混凝土生产。

8.2.1.1　水泥

水下混凝土宜采用普通硅酸盐水泥，也可选用掺火山灰质的普通水泥，且要求水泥强度等级不低于 42.5。不宜选用矿渣水泥，虽然其流动性好，但是保水性差；粉煤灰水泥质量不稳定，因此也不宜选用。

8.2.1.2　细骨料与水

砂子宜采用中砂或粗砂，含泥量应控制在 3% 以内，细度模数在 2.6～2.9。水下混凝土应在满足混凝土强度和流动性前提下，宜选用最少单位用水量。

8.2.1.3　粗骨料

自密实混凝土粗骨料应采用连续级配，且粗骨料最大粒径不宜超过 40mm，同时不得超过构件最小尺寸的 1/4 或钢筋最小净距的 1/2，以保证混凝土具有良好的流动性。水下不分散混凝土粗骨料最大粒径不宜超过 20mm。

粗骨料宜选卵石，若实际工程中采用碎石，要适当地增加减水剂来完善混凝土的流动性。

8.2.1.4　掺合料

外加剂及掺合料的品种和掺量应通过试验确定。可根据工程需要掺加一定量的粉煤灰、硅粉等来代替部分水泥，以降低其成本。

8.2.1.5　外加剂

可根据工程条件和需要有选择性地掺入水下不分散剂、高效减水剂、缓凝剂或引气剂；当掺入两种及以上时，应注意外加剂之间的相容性。外加剂应符合《水工混凝土外加剂技术规程》（DL/T 5100—2014）标准要求。

目前，国内使用的水下混凝土不分散剂（又称絮凝剂）分两大类。一类为聚丙烯酰胺系列，以 WUB 型和 PN 型为代表；另一类为纤维素系列，以 NNDC-2 型、SCR 型为代表。

8.2.2　配合比设计

8.2.2.1　配置强度

混凝土从浇灌口的出口点到浇灌点所经历的水中落下高差，称为水中自由落差。水下不分散混凝土在浇筑中，水中自由落差不得大于 0.5m，故强度较陆地施工低，可按水下混凝土试块制作方法做成型试验，以实测强度再乘以大于 1 的系数来考虑混凝土的配置强度，一般提高 10%～20%；其胶凝材料用量不宜少于 360kg/m³，混凝土材料在水中有自由落差时，其胶凝材料用量不宜少于 400kg/m³。此外，规范要求水下混凝土强度等级不能低于 C20。

《港口工程技术规范》（JTJ 268—1996）规定，采用导管法浇筑的水下混凝土路上配置强度要比设计强度标准值提高 40%～50%。

8.2.2.2 流动性

水下普通混凝土的流动性以坍落度指标表示，一般控制在 16～22cm，开始浇筑时，用较小值，以后可用较大的坍落度。

水下不分散混凝土的流动性常用坍扩度来表示。坍扩度的测定跟常规混凝土坍落度试验方法相同，当提起坍落度筒后，待混凝土停止流动，测混凝土坍扩平面最大直径及其垂直方向直径，取两直径的平均值作为坍扩度。不同的施工环境对其要求不同，可参考表 8.1。

表 8.1 水下混凝土坍扩度的范围推荐值

施工条件	水下滑道施工	导管法施工	泵压法施工	要求极好流动性时
坍扩度范围/cm	30～40	36～45	45～55	>55

注 摘自《混凝土新材料设计与施工》。

8.2.2.3 水灰比

水下普通混凝土的水灰比一般在 0.55～0.66。根据掺不分散剂混凝土水下试块强度与水灰比的关系曲线确定强度要求的水灰比，再结合耐久性，抗渗要求的水灰比综合考虑后，选用较小者作为设计水灰比。水灰比的确定必须通过试验，以保证其符合设计强度和施工和易性的要求。

8.2.2.4 单位用水量及水泥用量

由于水下不分散剂的掺入，拌和时内部水的黏性提高，故比常规混凝土的用水量大。用水量过大，会使混凝土硬化后产生较大空隙及泌水现象。因此，在满足和易性要求的前提下，要最大限度地限制用水量。单位用水量与坍扩度、骨料粒径的关系见表 8.2。通过试验、优化砂率和外加剂（不分散剂）掺量，以获得最低单位用水量。

表 8.2 单 位 用 水 量 参 考 值

坍扩度/cm	骨料最大粒径/mm	单位用水量/（kg/m³）
<45	20	220～230
	40	215～225

水泥用量根据单位用水量和水灰比算出。水下不分散混凝土水泥用量不小于 400kg/m³。

8.2.2.5 砂率

砂率应在适宜的流动范围之内，以单位用水量最少来确定。水下混凝土的砂率一般比常规混凝土提高 6%～8%。不分散剂具有黏稠效果，即使砂率降低，混凝土仍具有不分散的特征，一般在 38%～42%。当采用碎石时，可适当地增大砂率，一般可提高 3%～5%。

8.2.2.6 外加剂和掺合料

提高水下混凝土的和易性，可掺入呈液体或粉末状的缓凝型高效减水剂、引气剂、引气减水剂等，其品种和掺量均应通过试验确定。水下混凝土可掺入粉煤灰、硅粉等掺合料，其量也是通过试验确定。

8.2.2.7　确定含气量

水下混凝土的含气量也应通过试验确定，一般控制在 4.5％以内。

8.2.2.8　配合比设计

水下混凝土配合比是水下混凝土施工的关键环节，其直接影响混凝土构件的强度。其设计流程如图 8.1 所示。

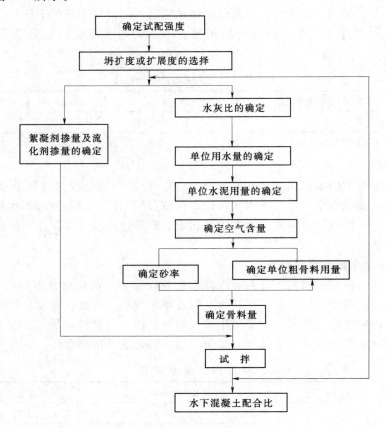

图 8.1　配合比设计工艺流程图

8.3　水下混凝土施工工艺

水下混凝土常用的施工方法有导管法、混凝土泵法、开底容器法、预填骨料压浆法、袋装置换法及进占法。为了保证施工质量，优先选择导管法、混凝土泵法、开底容器法。本节重点介绍导管法施工。

8.3.1　工艺流程

水下混凝土导管法施工工艺流程如图 8.2 所示。

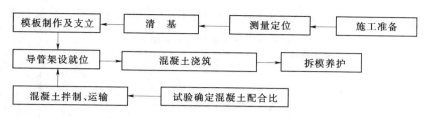

图 8.2 导管法施工工艺流程图

8.3.2 模板

水下混凝土模板可采用沉井、沉箱、组合钢模板及模袋等形式。模板材料可选用木模板、胶合板、钢板、预制混凝土、模袋混凝土等不易损坏、遇水不易变形及耐腐蚀的材料。宜优先采用钢模板、免拆除的混凝土模板。

模板和支架的支撑部分应坚实可靠，安装过程中，应设置防倾覆的临时固定措施，支架应采用钢制支撑系统。

8.3.3 施工设备与机具

8.3.3.1 选用原则

施工机械设备应该根据工程量、施工进度要求、施工方法等确定。混凝土泵、强制式搅拌机是水下混凝土施工的主要设备，选用时应做到设备能力、数量的组合配套。混凝土的拌运能力不应小于平均计划浇灌强度的 1.5 倍。

8.3.3.2 施工机具

施工导管有漏斗、中间管和脚管组成。中间管管节长 2～3m，两端设法兰盘（法兰间加胶垫）；脚管长 3～4m，一端设有法兰盘。管节间用螺栓连接。

（1）导管规格。导管一般采用普通轧制钢管，也可用厚 2.5～5mm 的钢板卷制焊接钢管。根据水深的不同，钢管壁厚按表 8.3 选用。

表 8.3 导管管壁与水深关系参照值

浇筑水深/m	<30	30～60	>60
管壁厚度/mm	2.5	3～4	4～5

（2）导管管径。导管管径与浇筑强度、骨料最大粒径有关。常用管径为 200～300mm。导管直径不小于粗骨料最大粒径的 8 倍（水下不分散混凝土）或 4 倍（水下混凝土）。不同直径的导管输送混凝土能力见表 8.4。

表 8.4 不同管径导管的输送能力

管径/mm	150	200	250	300
通过能力/(m³/h)	6.5	12.5	18.0	26.0

（3）导管布置。导管的平面布置和间距与混凝土的扩散半径有关。水下混凝土的扩散半径与水的深度、漏斗距水面高度以及管下埋置深度有关。水下混凝土流动性好，可按 3～6m 间距、一根导管控制面积不超过 30m² 布置，并通过试验调整。在浇筑块最低应布

置专门导管；导管与模板间距不应小于 2m。导管作用半径与其高度关系见表 8.5。

表 8.5	导管作用半径与其高度的关系		
导管作用半径 R/m	3	3.5	4
导管地段混凝土最小压力/MPa	0.1	0.15	0.25
导管高出水面高度 h_1/m	$4 \sim 0.6h$	$6 \sim 0.6h$	$10 \sim 0.6h$
导管已浇入混凝土的深度 h_2/m	$0.9 \sim 1.2$	$1.2 \sim 1.5$	$1.5 \sim 1.8$
导管控制浇筑面积/m^2	$10 \sim 20$	$15 \sim 25$	$20 \sim 30$

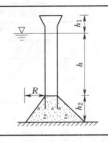

注　摘自《水利水电施工组织设计手册·第三卷》。

8.3.4　导管法施工

采用导管法浇筑水下混凝土有以下步骤：

（1）施工准备。导管安装前，应进行压水检验，水压力应大于满管流态混凝土时的最大压力，管身与接头处不得漏水。各节应统一编号，在每节自上而下标示刻度；并在浇筑前进行升降试验，保证导管吊装设备能力满足安全提升要求。

（2）导管安装。将导管置于浇筑部位，导管底部应接近底面 $300 \sim 500$mm，并尽量安置在地基的低洼处。导管的两端安装法兰盘把海绵制的衬垫夹住，采用 U 形钩，长螺丝等牢固拧紧的方法，另需准备 1m 及 2m 的短管备用。为防止导管内有水而影响混凝土质量，可采用如图 8.3 所示的隔离方法。

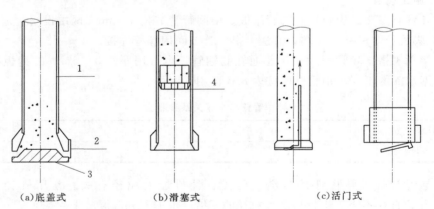

（a）底盖式　　　　　　（b）滑塞式　　　　　　（c）活门式

图 8.3　开始浇筑时防止混凝土与水混合的方法
1—导管；2—用纱布密封；3—底盖；4—轴塞

（3）混凝土浇筑。从首批混凝土浇灌至结束，导管下端不得拔出已浇混凝土。且导管下端至埋入已浇混凝土的深度不宜小于 1m，最好插入 $1.0 \sim 1.5$m，导管每次上提 $0.2 \sim 0.6$m 左右，混凝土上升速度要控制在 2m/h 以上，可采用测绳量测方法检测。浇筑时应连续施工，若间隙时间过长或导管脱空，均应按施工缝处理。

工程中也常用挠性软管法施工，它利用不透水的柔性导管将流态混凝土输送到水下浇筑部位，其中以 KDT 导管法和液压阀法为代表，此处不多作介绍。

（4）混凝土养护。水下混凝土浇筑完成后，与水接触面应保持静水养护14d以上；在动水环境下，应做好水下混凝土表面保护工作。

8.3.5 影响施工质量的主要因素

影响水下混凝土质量的主要因素有：①混凝土所用材料（如骨料、水泥絮凝剂等）质量；②混凝土生产方式（骨料搅拌时间、添加顺序等）；③混凝土浇筑方法选择，混凝土浇筑现场环境条件，混凝土浇筑运输条件；④混凝土配合比设计；⑤混凝土后期养护。因此施工中要把好各环节的质量控制，保证水下混凝土浇筑质量，满足水下混凝土的设计和施工要求。但最终还应通过水下录像和现场成型试件或水下取芯样评价水下混凝土质量。

8.3.6 常州新闸防洪控制工程

近些年来，随着水利工程除险加固项目的增多，水下混凝土施工的应用也渐为广泛。新闸位于京杭大运河上，为2001年江苏省重点水利工程。新闸防洪控制工程节制闸为单孔，净宽60m。闸门采用可沉浮的钢质浮箱门，闸底板高程为－1.5m，节制闸上游南侧建70m×13m门库，下游南侧建20m×20m动力舱港池。浮箱门一侧设置固定环与南侧岸墙端部的定位柱形成浮箱门的转动中枢，以控制浮箱门的就位轨迹。闸门关闭位置处闸底为钢箱模灌注水下混凝土，下部设防渗钢板桩。其上、下游为水下钢筋混凝土底板、水下模袋混凝土护底和水下抛石防冲槽。施工技术难点：

（1）新闸底板钢筋密集。混凝土施工水深约为5.5m，厚度仅为1.0m，一次性浇筑面积大（20m×30m，不能分仓浇筑），混凝土表面平整度设计要求必须小于±7cm。

（2）因运河封河时间短，来不及排水，必须带水施工，各浇筑点之间的混凝土连接处不允许有夹层水，分次浇筑的水下混凝土之间不允许出现施工缝。

采用水下不分散混凝土技术后，使混凝土拌和物具有了很好的保水性，同时拥有了良好的抗水性能、自流平和自密实性能，在保证抗分散性能的前提下，最大地满足了水下混凝土的自流平性能，设计流动半径控制3.0～6.0m，实际水下混凝土流动半径大于6.0m，施工后检查混凝土表面平整度控制在±5cm以内（普通水下混凝土的表面平整度只能控制在20cm以上）。

另外，不同浇筑点的混凝土拌和物在流动过程中能将环境水挤走，与已浇混凝土密实的黏结在一起，形成整体，从而抑制出现水下混凝土施工缝，但要求浇筑速度快且连续进行，施工中的间歇时间应控制在混凝土的初凝时间以内。考虑运输及浇筑操作等时间的延长，混凝土的坍扩度为45～55cm，凝结时间控制在10～28h，1h内基本不损失，能够保证水下混凝土的施工质量，解决了一次性浇筑面积大、表面平整度要求高的施工难题。

此外，水下混凝土施工其他实例见表8.6。

表8.6　　　　　　　　　　　　　　水下混凝土施工实例

工 程 名 称	施工水深/m	流速/(m/s)	混凝土量/m³	施工方法	强度/MPa
葛洲坝大江防淤堤护坡混凝土	4～15	静水	5000	导管法	
湖南马迹塘水电站护坦补强	4～5		1500	导管法	

续表

工 程 名 称	施工水深/m	流速/(m/s)	混凝土量/m³	施工方法	强度/MPa
乌江渡水电站混凝土拱围堰	8~14	1.2~1.5	7840	导管法	
湖北黄龙滩水电站修补	18~25		1000	泵送法	25
胜利油田海堤护坡压脚	0~1.5		21000	推进法	20
秦山核电站三期取水工程	20~35	1.3	11000	泵送法	40

本 章 小 结

本章内容主要介绍了水下混凝土的特点、配合比设计及施工工艺,重点介绍了导管法施工工艺。水下混凝土具有抗分散性、流动性、保水性、凝结性的特点。其中,抗分散性是其区别于常规混凝土的独特之处。导管法施工中根据工程实际情况,合理选择施工设备与机具,导管布置间距要经过试验确定。最后通过简单介绍新闸防洪控制工程施工,讲述了采用水下混凝土施工的优势所在。

思 考 题

8.1 水下混凝土的特点是什么?在何种情况下宜采用?

8.2 如何选择水下混凝土生产的原材料?

8.3 水下混凝土配合比设计流程是什么?

8.4 水下混凝土施工方法有哪些?

8.5 导管法浇筑水下混凝土的施工步骤是什么?有什么注意事项?

第9章 混凝土施工质量控制与检验

【学习目标】 掌握不同混凝土的施工过程中的质量控制与检测。

【知 识 点】 原材料的质量控制，配合比的控制、预制构件的质量控制、预制构件的结构性能检验、特种混凝土的质量检验和控制。

【技 能 点】 能够检验混凝土原材料的质量是符合要求、通过混凝土的质量的检验能够控制混凝土的质量。

9.1 普通混凝土质量控制与检验

9.1.1 原材料的质量控制

混凝土是由水泥、砂、石、水组成，有的还有掺合料和外加剂。施工过程中应对组成混凝土的原材料进行控制，使之符合相应的质量标准。

9.1.1.1 水泥质量控制

配制混凝土用的水泥应符合国家现行标准的有关规定。

水泥应按不同品种、强度等级按批分别存储在专用的仓罐或水泥库内。如因储存不当引起质量有明显降低或水泥出厂超过三个月（快硬硅酸盐水泥为一个月）时，应在使用前对其质量进行复验，并按复验的结果使用。进场水泥每 200～400t 同品种、同强度等级的水泥为一取样单位，如不足 200t 亦作为取样单位，取样量不少于 10kg。按规定检查其强度、安定性、细度、凝结时间、密度等是否符合国家标准。现场检验的水泥指标与生产厂家品质试验报告进行比较，可以发现水泥生产、转运、储存和保管的水平。

水泥在使用前，除应持有生产厂家的合格证外，还应做强度、凝结时间、安定性等常规检验，检验合格方可使用。切勿先用后检或边用边检。不同品种的水泥要分别存储或堆放，不得混合使用。大体积混凝土尽量选用低热或中热水泥，降低水化热。在钢筋混凝土结构中，严禁使用含氯化物的水泥。

9.1.1.2 骨料的质量控制

河砂等天然砂是建筑工程中的主要用砂，但随着河砂资源的减少和价格的上升，不少工程已使用山砂和人工砂。用于混凝土的砂应控制泥和有机质的含量。砂进场后应做筛分试验、含泥量试验、视比重试验、有机质含量试验。

9.1.1.3 拌和混凝土用水

拌和用水可使用自来水或不含有害杂质的天然水，不得使用污水搅拌混凝土。预拌混凝土生产厂家不提倡使用经沉淀过滤处理的循环洗车废水，因为其中含有机油、外加剂等各种杂质，并且含量不确定，容易使预拌混凝土质量出现难以控制的波动现象。

9.1.1.4　外加剂质量控制

外加剂可改善混凝和易性，调节凝结时间、提高强度、改善耐久性。应根据使用目的、混凝土的性能要求、施工工艺及气候条件，结合混凝土的原材料性能、配合比以及对水泥的适应性等因素，通过试验确定其品种和掺量。低温时产生结晶的外加剂在使用前应采取防冻措施。预拌混凝土生产厂家不得直接使用粉状外加剂，应使用水性外加剂。必须使用粉状外加剂时，应采取相应的搅拌匀化措施，并确保计量准确的前提下，方可使用。

9.1.1.5　掺合料质量控制

在混凝土中掺入掺合料，可节约水泥，并改善混凝土的性能。掺合料进场时，必须具有质量证明书，按不同品种、等级分别存储在专用的仓罐内，并做好明显标记，防止受潮和环境污染。

9.1.2　混凝土配合比的控制

混凝土的配合比应根据设计的混凝土强度等级、耐久性、坍落度的要求，按《普通混凝土配合比设计规程》（JGJ 55—2011）通过试配确定，不得使用经验配合比。试验室应结合原材料实际情况，确定一个既满足设计要求，又满足施工要求，同时经济合理的混凝土配合比。

影响混凝土抗压强度的主要因素是水泥强度和水灰比，要控制混凝土质量，最重要的是控制水泥用量和混凝土的水灰比两个主要环节。在相同配合比的情况下水泥强度等级越高，混凝土的强度等级也越高。水灰比越大，混凝土的强度越低，增加用水量混凝土的坍落度是增加了，但是混凝土的强度也下降了。

混凝土原材料的变更将影响混凝土强度，需根据原材料的变化，及时调整混凝土的配合比。

9.1.3　混凝土的质量检验

9.1.3.1　混凝土拌和物

对混凝土拌和物进行质量检测，可以尽早发现拌和过程的问题，以便及时采取措施加以纠正，它是加强混凝土施工质量控制的重要环节。

（1）和易性检查。混凝土的和易性通常采用坍落度或维勃稠度来评定，坍落度或维勃稠度受骨料表面含水率、砂细度模数、粗骨料超逊径和配料误差等因素的影响，会产生一定的波动。因此，混凝土拌和物的和易性应符合施工配合比的规定。每个作业班组在拌和机卸料的首尾两部分各取一个试样，每个试样不少于 30kg，至少应检查混凝土在浇筑地点的坍落度或维勃稠度两次。

（2）含气量的稳定性。掺引气剂的混凝土，对含气量的控制更应注意。因为含气量超过规定数量，将会引起混凝土强度的降低，造成质量事故。掺引气型外加剂混凝土的含气量应满足设计和施工工艺的要求。

（3）水灰比的控制。混凝土的强度与其水胶比或水灰比有很大关系。由于水泥质量可以精确称量，保持同一水胶比或水灰比的问题实质上就是控制用水量的问题。解决这一问题的关键主要根据骨料表面含水率的变化而调整拌和加水量。由于混凝土强度与水胶比或水灰比比呈线性关系，在施工现场对混凝土水胶比或水灰比进行控制，也就间接地对混凝土强度进行了控制。

（4）混凝土拌和物应拌和均匀，颜色一致。不得有离析和泌水现象。检查混凝土拌和物均匀性时，应在搅拌机卸料过程中，从卸料流的 1/4～3/4 部位采取试样，进行试验，其检测结果应符合要求。混凝土中砂浆密度两次测值的相对误差不应大于 0.8%；单位体积混凝土中粗骨料含量两次测值的相对误差不应大于 5%。

9.1.3.2 混凝土浇筑质量

混凝土浇筑前，对有特殊要求、技术复杂、施工难度大（例如基础、主体、技术转换层、大体积混凝土和后浇带等部位）的结构应编制专项施工方案，认真审查方案中的人员组织、混凝土配合比、混凝土的拌制、浇筑方法及养护措施；混凝土施工缝的留置部位、后浇带的技术处理措施；大体积混凝土的温控及保湿保温措施；施工机械及材料储备、停水、停电等应急措施；审查模板及其支架的设计计算书、拆除时间及拆除顺序，施工质量和施工安全专项控制措施等。并审查钢筋的制作安装方案、钢筋的连接方式、钢筋的锚固定位等技术措施。

要认真检查模板支撑系统的稳定性，检查模板、钢筋、预埋件、预留孔洞是否按设计要求施工，其质量是否达到施工质量验收规范要求。

混凝土运到施工地点后，首先检查混凝土的坍落度，预拌混凝土应检查随车出料单，对强度等级、坍落度和其他性能不符合要求的混凝土不得使用。预拌混凝土中不得擅自加水。试件的留置数量应符合规范要求，要留同条件养护试块、拆模试块。

浇筑混凝土时，严格控制浇筑流程。合理安排施工工序，分层、分块浇筑。对已浇筑的混凝土，在终凝前进行二次振动，提高黏结力和抗拉强度，并减少内部裂缝与气孔，提高抗裂性。二次振动完成后，混凝土面要找平，排除面部多余的水分。若发现局部有漏振及过振情况时，及时返工进行处理。

混凝土浇灌过程中，监理应实行旁站，检查混凝土振捣方法是否正确、是否存在漏振或振动太久的情况，并随时观察模板及其支架：看是否有变形、漏浆或扣件松动等异常情况，如有应立即通知施工单位采取措施进行处理，严重时应马上停止施工。

加强混凝土的养护。混凝土养护主要是保持适当的温度和湿度条件。保温能减少混凝土表面的热扩散，降低混凝土表层的温差，防止表面裂缝。混凝土浇筑后，及时用湿润的草帘、麻袋等覆盖，并注意洒水养护，延长养护时间，保证混凝土表面缓慢冷却。在高温季节泵送时，宜及时用湿草袋覆盖混凝土，尤其在中午阳光直射时，宜加强覆盖养护，以避免表面快速硬化，产生混凝土表面温度和收缩裂缝。在寒冷季节，混凝土表面应设草帘覆盖保温措施，以防止寒潮袭击。

9.2 预制构件质量控制和性能检验

9.2.1 预制构件的质量控制
9.2.1.1 模板

（1）各类模板必须有足够的承载力、刚度和稳定性，并应构造简单、合理、支拆方便，适应钢筋入模、混凝土浇筑和养护工艺的要求。在生产过程中，应能承受各种外力的影响而不变形，保证构件各部位形状尺寸的准确。

（2）模板的接缝，不应漏浆。模板与混凝土的接触面应平整光洁。周转使用的模板，每次使用后必须清理干净。

（3）长线台座的台面应平整，不得有下沉、开裂、空鼓、起皮、起砂等缺陷，其不平整度在 2m 内不应超过 3mm。台座的长度以 100m 左右为宜，不宜超过 150m，也不宜小于 50m。台座应设置伸缩缝，伸缩缝的间距应根据地区自然条件和生产的构件类型确定，一般宜在 10～20m。伸缩缝宽应为 20～30mm，内嵌木条或浇注沥青。当采用预应力混凝土滑动台面，台座的基层与面层之间有可靠的隔离措施时，可不设置伸缩缝。在施工现场预制混凝土构件，也应有木底模或混凝土台座。

9.2.1.2　钢筋和预埋件

（1）预制构件的吊环必须使用未经冷拉的 I 级热轧钢筋制作。小型构件也不得使用冷拔钢丝作吊环。

（2）钢筋的切断应按钢筋配料表上规定的级别、直径、尺寸等进行。切断后的钢筋断口应平整，不应有马蹄形和起弯现象。钢筋表面有劈裂、夹心、颈缩、明显损伤或弯头者，必须切除。

钢筋的弯钩或弯折应符合下列规定：

1）I 级钢筋末端需要作 180°弯钩，其圆弧弯曲直径（D）不应小于钢筋直径（d）的 2.5 倍，平直部分长度不宜小于钢筋直径（d）的 3 倍。

2）II 级、III 级钢筋末端需作 90°或 135°弯折时，II 级钢筋的弯曲直径（D）不宜小于钢筋直径（d）的 4 倍；III 级钢筋不宜小于钢筋直径（d）的 5 倍。平直部分长度应按设计要求确定。

3）弯起钢筋中间部位弯折处的弯曲直径（D），不应小于钢筋直径（d）的 5 倍。

4）用 I 级钢筋或冷拔钢丝制作的箍筋，其末端应作弯钩，弯钩的弯曲直径应大于受力钢筋直径，且不小于箍筋直径的 2.5 倍。弯钩的平直部分，一般构件不宜小于箍筋直径的 5 倍。弯钩的形式宜采用 135°圆弧弯钩。

（3）热轧钢筋的纵向连接，应采用闪光对焊或电弧焊；钢筋的交叉连接宜采用电阻点焊；预埋件宜采用电弧压力焊或电弧焊。高强钢丝、冷拔钢丝、IV 级钢筋不得采用电弧焊。冷拉钢筋的闪光对焊或电弧焊应在冷拉前进行。

（4）从事钢筋焊接生产的焊工必须持有考试合格证。

（5）预埋件的质量检查应包括外观检查和 T 形接头强度检验。

外观检查时，应从同一台班内完成的同一类型成品中抽查 10 个点，并不得少于 5 件。T 形接头强度检验时，应以 300 件同类型成品为 1 批，一周内连续焊接时，可以累计计算。一周内累计不足 300 件成品时，亦按 1 批计算。从每批成品中取 3 个试件进行拉伸试验。

（6）钢筋的绑扎应用 20～22 号镀锌铅丝。绑扎直径在 25mm 以上的钢筋或大型骨架时，应用双丝。

（7）钢筋的绑扎应符合下列要求：

1) 被绑扎的钢筋表面不得有油污、泥土、杂物和片状锈。

2) 钢筋骨架中的钢筋相交点均应绑扎牢固，不得漏绑。

3) 钢筋网片中靠近外圈两行钢筋的相交点应全部绑牢。中间部分的相交点可相隔交错绑扎，但必须保证受力钢筋不位移。双向受力钢筋网片的钢筋相交点必须全部绑扎。绑扎时在相邻两个绑扎点处的绑扣应呈八字形或加十字扣，以防网片发生歪斜。

4) 箍筋的弯钩叠合处在柱中应沿竖向钢筋的方向交错布置，在梁中应位于架立筋上且沿纵向钢筋的方向交错布置。

9.2.1.3 模板钢筋的安装

（1）第一次使用的新模板，应先由操作者进行自检并经检验部门检查合格后，方可交付使用。连续周转使用的模板，应由操作者进行自检，检验部门抽查。

（2）钢筋入模后必须保证受力主筋的混凝土保护层厚度符合设计要求。保护层厚度可用下列方法控制：

1) 用塑料或水泥砂浆垫块。垫块厚度应按规定的保护层厚度制作。

2) 在长线台座上生产预应力构件时，预应力钢筋的保护层厚度可在构件两端安放横向通长的垫铁或木条来控制。在模板内的钢筋下部可适当放置水泥砂浆垫块，以确保保护层厚度。

（3）模外张拉的预应力钢筋保护层厚度可用梳筋条槽孔深度或端头垫板厚度来控制。预应力钢筋必须落到梳筋条槽孔的底部或端头垫板槽口内。

（4）钢筋入模时严禁表面沾上作为隔离剂的油类物质。防止钢筋表面沾油可采用下列措施。

1) 铺放防油隔条。防油用的隔条可用钢筋、木材或硬塑料制作。钢筋入模前应先在模板内铺放隔条。隔条的厚度应比主筋保护层厚度小 2～3mm，长度应比模板宽度小20mm，放置间距不大于1m。待钢筋入模并按要求放置垫块后，或在预应力筋张拉完毕后，抽出隔条。

2) 铺塑料布。在刷好隔离剂的底模上铺放塑料布，然后在塑料布上摆放钢筋并张拉，待钢筋张拉完毕后，抽出塑料布。连续使用的塑料布沾油面不得朝向钢筋。

3) 使用控制钢筋保护层厚度的垫块。垫块必须在模板刷好隔离剂后，钢筋入模前放置。钢筋入模时应随即将垫块垫在主筋的底部。

9.2.1.4 混凝土的运输、浇筑和振捣

（1）运输混凝土的容器内壁应平整光洁、不漏浆、不吸水，便于卸料。黏附在容器内壁的混凝土残渣应经常清理。运输容器用完后，必须清洗干净，不得黏附砂浆或混凝土硬块。

（2）混凝土运到浇筑地点，严禁加水。当混凝土的和易性无法保证时，应通过技术部门进行调整，并将调整情况记录备查。

（3）使用插入式振捣器振捣混凝土时，振动棒不得碰撞预埋件、模板和钢筋。振捣时各振点要均匀或对称排列，按顺序进行，不得漏振，一般棒距不应超过棒的振动作用半径的 1.5 倍，亦不得超过 300mm。

（4）使用表面振动器振捣混凝土时，构件的厚度宜小于 200mm。操作时，应由构件

一端引向另一端，平拉慢移振动器，直至混凝土不再继续下沉，表面呈现水泥浆为止。

（5）使用附着式振动器振捣竖向浇筑的构件，应分层浇筑混凝土。每层高度不宜超过 1m。每浇筑一层混凝土需振捣一次。振捣时间应不少于 90s，但亦不宜过长。当混凝土表面呈现水泥浆后，即可停止。

9.2.1.5　构件的成型

在混凝土台座上用支拆模板生产梁、柱类构件时，应遵守下列规定：

（1）钢筋入模前，应在模板底部每隔 1～1.5m 的距离，在主筋的位置下放置水泥砂浆垫块，以保证混凝土保护层厚度。

（2）模板必须具有足够的强度和刚度，同时要贴合紧密，不漏浆，装拆灵活，便于清理。

（3）构件中有预埋件时，应按图示尺寸正确安放好，并注意在浇捣时不使其移位。有预留管孔的构件，在混凝土浇筑、振捣和抹面完毕后，当混凝土达到初凝时应将孔管旋转一次，再过 30min 抽出管子。

（4）高度大于 600mm 的构件，应分两次浇筑和振捣。

（5）用快速脱模方式生产的 T 形梁，侧模板应采用钢模或包铁皮的木模板。梁的挑檐与腹板交界处宜做成圆角，以便于脱模。

在振捣混凝土时可采用二次振捣的方式，即在第一次振捣完毕后 0.5～1h 内再振捣一次，然后将梁的表面抹光（平）压实。侧模的拆除时间，可视天气条件而定。

（6）拆模和清模时，不得用铁锤敲打模板。模板拆除后，必须将模板内以及附着在模板上的混凝土残渣清除干净，并随即涂上隔离剂以备再次使用。

9.2.2　预制构件的结构性能检验

预制混凝土构件性能检验的项目，钢筋混凝土构件有强度、刚度和裂缝。预应力混凝土构件有强度、刚度、抗裂度和裂缝。强度试验是指破坏荷载试验，刚度试验是指在某荷载时的挠度，抗裂度是指第一次出现裂缝的荷载值，裂缝是指某荷载时的裂缝宽度。进行结构性能检验时，混凝土强度应达到设计要求的强度等级。非预应力混凝土构件，应按钢筋混凝土构件进行检验。设计图纸对结构性能检验有专门要求时，应按设计要求进行检验。

成批生产的构件的结构性能检验，应以同一工艺正常生产不超过 3 个月的同类型产品 1000 件为一批；3 个月生产不足 1000 件时亦作为一批。从每批中随机抽取 1 个构件作为试件进行检验。当连续检验 10 批，每批的结构性能均能符合要求时，上述规定的 1000 件为一批可放宽至 2000 件为一批。

9.2.2.1　结构性能检验要求

（1）钢筋混凝土构件和允许出现裂缝的预应力混凝土构件应进行承载力、挠度和裂缝宽度检验。

（2）要求不出现裂缝的预应力混凝土构件应进行承载力、挠度和抗裂检验。

（3）预应力混凝土构件中的非预应力杆件应按钢筋混凝土构件的要求进行检验。

（4）对设计成熟、生产数量较少的大型构件（如桁架等），如采取加强材料和制作质量检验的措施时，可仅作挠度、抗裂或裂缝宽度检验，当采取上述措施并有可靠的实践经验时，亦可不作结构性能检验。

9.2.2.2 结构性能的检验

（1）试验准备工作。试验用的加荷设备、仪表、工具、应进行标定或校正。各种安全装置检查无误。详细测量实验构件的尺寸。仔细检查试验构件表面的缺陷，并在构件上标出。

（2）构件支承方式。梁、板、桁架等一般简支构件的支承方式（图9.1），四边支承或四角支承的双向板支承的双向板支承方式（图9.2），桁架立式加荷时的稳定系统装置（图9.3）。

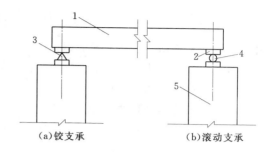

图9.1 梁、板、桁架简支示意图

1—构件；2—钢垫板；3—角钢；4—圆钢；5—支墩

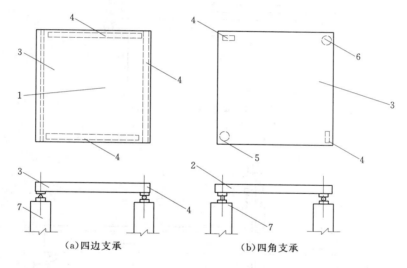

图9.2 双向板支承示意图

1—构件；2—钢垫板；3—角钢；4—圆钢；5—半圆形钢球；6—钢球；7—支墩

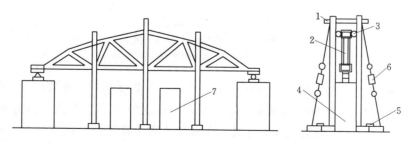

图9.3 桁架试验稳定系统示意图

1—螺栓；2—构件；3—支架；4—支墩；5—固定螺栓；6—花篮螺栓；7—防护支承

（3）加荷方式。均布荷载宜采用荷重块加荷（图 9.4）。每垛荷重块之间，应有 50～80mm 的间隙。集中荷载宜采用千斤顶加荷，用荷载传感器或压力表测量其荷载（图 9.5）。或采用杠杆吊篮加荷（图 9.6），按式（9.1）计算：

$$P=\left(1+\frac{b}{a}\right)\times\left(Q+\frac{G}{2}\right) \tag{9.1}$$

式中　P——节点所承受的荷载，N；

　　　a——杠杆左力臂，m；

　　　b——杠杆右力臂，m；

　　　Q——荷重篮及荷重块总重，N；

　　　G——杠杆自重，N。

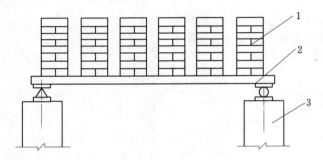

图 9.4　荷重块加荷示意图

1—荷重块；2—构件；3—支墩

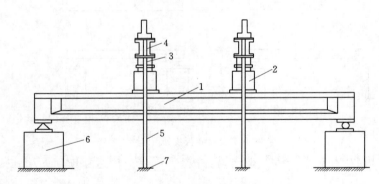

图 9.5　千斤顶加荷示意图

1—构件；2—千斤顶；3—荷载传感器；4—横梁；5—拉杆；

6—支墩；7—试验台座或地锚

（4）加荷程序与观察。构件自重作为第一荷载。当荷载小于标准荷载时，每级加标准荷载的 20%。当荷载超过标准荷载时，每级加标准荷载的 10%。当荷载接近破坏荷载时，每级加标准荷载的 5%。需检验抗裂度时，在荷载达到计算抗裂荷载的 80% 以后，每级加标准荷载的 5%。每级加荷完毕后，持续 10～15min，达到标准荷载时，持续 30min。每级加荷后应观察各项仪表读数，钢筋的滑移值。构件两侧的裂缝可直接用刻度放大镜观测，构件底部的裂缝只允许用镜伸入观察，裂缝观察完毕，需在裂缝端部注上荷载百分

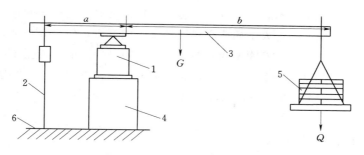

图 9.6　杠杆吊篮加荷示意图

1—构件；2—拉杆；3—杠杆；4—支墩；5—荷重块；6—试验台座或地锚

数。根据强度测定值、观察的挠度、抗裂度及裂缝宽度，按设计图纸要求进行强度、刚度、抗裂度、裂缝等结构性能的判定。

9.3　特种混凝土质量控制和检验

9.3.1　钢纤维混凝土质量控制与检验

钢纤维混凝土是在普通混凝土中掺入适量的钢纤维经拌和而成的一种复合材料。它不仅可以增强混凝土的抗拉强度，而且能增强混凝土结构的抗剪强度，提高其抗裂性能、耐久性，能使脆性混凝土具有较好的延性特征；另外，钢纤维混凝土具有较好的能量吸收能力及良好的抗冲击能力，对结构的抗震性能有极大改善；同时由于改善了混凝土的性能，钢纤维混凝土的寿命能够大大延长，维护修理费用也能够大幅度降低。基于以上优点，钢纤维混凝土适用于混凝土结构工程的各个领域，如桥梁、道路、隧道、水利、海洋、建筑和耐火材料结构等工程中，且应用前景十分广阔。

9.3.1.1　钢纤维混凝土质量控制

（1）钢纤维混凝土的搅拌。钢纤维的搅拌方法对钢纤维混凝土中钢纤维的分散均匀十分重要。必须避免钢纤维的结团从而影响混凝土性能，故在拌制过程中采用强制式搅拌机，采用干拌和湿拌二次搅拌工艺，采取合理的投料顺序以及正确的拌制方法，同时适当延长搅拌时间，使钢纤维在混凝土中均匀分散（不结团），达到预期的增强效果。投料顺序：向搅拌机中先加入砂石，再加入钢纤维，搅拌 30s，然后加入水泥，搅拌 30s，再加入水和外加剂，搅拌 120s 即可。为使钢纤维能均匀分散于混凝土中，把钢纤维加入骨料中时可采用摇筛分层加入。

（2）钢纤维混凝土的运输和泵送。钢纤维混凝土采用搅拌运输车运至施工现场。由于钢纤维混凝土容易离析，应尽量缩短运输距离和时间，否则会造成卸料困难和影响浇筑质量。为避免混凝土离析，钢纤维混凝土运到施工现场后，先高速转动装筒 1min 使筒内拌和物均匀，再出料入泵，用于泵送钢纤维混凝土泵的功率应比用于普通混凝土泵的功率大 20%。

（3）钢纤维混凝土的浇筑振捣。钢纤维混凝土浇筑方法与普通混凝土相同，其特殊性是对施工冷缝等更为敏感，因为如出现冷缝，纤维即被界面分割，界面上纤维的增强增韧效能消失，对结构抗力十分不利，所以一定要保证钢纤维混凝土浇筑的连续性。钢纤维混凝土严禁采用人工插捣。因为人工插捣会将钢纤维击向下方，使之分布不匀。应采用机械振捣，宜采用表面振动器或附着式振动器振捣密实，限制使用插入式振捣器。振动时间较普通混凝土适当延长，以混凝土表面呈现浮浆、混凝土不再下沉为准。稠度相同的钢纤维混凝土看起来比普通混凝土略为干涩，但经振捣后仍表现为较好的和易性，因此不得因拌和料干涩而加水。

9.3.1.2　钢纤维混凝土质量检验

（1）严格原材料检验，包括：钢纤维、水泥、砂、卵石、水、外加剂、掺合料等各项检验，确保使用优质原材料。

钢纤维的质量检验：

1）对其尺寸形状的检验。钢纤维的长度和直径偏差不应超过±10%，每个验收批随机抽取 10 根，用精度不低于 0.02mm 的卡尺测其长度和直径，合格率不低于 90%。

2）对钢纤维的抗拉强度检验。钢纤维的抗拉强度不得低于 380MPa，当工程有特殊要求时可另行提出。以每批随机抽样 10 根进行抗拉强度试验，测得的平均值不得低于规定值，单根不得低于规定值的 90%。

3）对钢纤维的弯折性能检验。钢纤维应能经受沿直径为 3mm 钢棒弯折 90°不断，以每批随机抽样 10 根，弯折后，至少有 9 根不得断裂。

4）对所含杂质的检验。钢纤维表面不得有油污，不得镀有有害物质和其他影响钢纤维与混凝土黏结的杂质或涂层。钢纤维内含有的因加工不良造成的粘连片、表面严重锈蚀的钢纤维、铁锈粉及杂质的总重量不得超过钢纤维总重量的 1%。

（2）加强施工计量，严格按照配合比施工。

（3）现场试验员按有关规程做好出机混凝土坍落度的检验，确保混凝土性能稳定。

（4）拌和物中钢纤维的均匀性十分重要，每个台班应做二次钢纤维体积率检查。通常采用水洗法检查钢纤维在拌和物中的均匀性，要求检验钢纤维体积率的误差不应超过配合比要求的钢纤维体积率的±15%。

9.3.2　耐火混凝土质量检验与控制

耐火混凝土是一种能长期承受高温作用（200℃以上），并在高温下保持所需要的物理力学性能（如有较高的耐火度、热稳定性、荷重软化点以及高温下较小的收缩等）的特种混凝土。它是由耐火骨料（粗细骨料）与适量的胶结料（有时还有矿物掺合料或有机掺合料）和水按一定比例配制而成的。耐火混凝土按其胶结料不同，有水泥耐火混凝土和水玻璃耐火混凝土等；按其骨料的不同，有黏土熟料耐火混凝土、高炉矿渣耐火混凝土和红砖耐火混凝土等。

（1）耐火混凝土拌制应按下列规定进行：

1）拌制水泥耐火混凝土时，水泥和掺合料必须拌和均匀。拌制水玻璃耐火混凝土时，氟硅酸钠和掺合料必须预先混合均匀。混凝土宜用机械搅拌。

2）水玻璃耐火混凝土拌制要求与水玻璃耐酸混凝土相同，应遵守下列规定：

a. 粉状骨料应先与氟硅酸钠拌和，再用筛孔为 2.5mm 的筛子过筛两次。

b. 干燥材料应在混凝土搅拌机中预先搅拌 2min，然后再加入水玻璃。

c. 搅拌时间，自全部材料装入搅拌机后算起，应不少于 2min。

d. 每次拌制量，应在混凝土初凝前用完，但不超过 30min。

3）耐火混凝土的用水量（或水玻璃用量）在满足施工要求条件下应尽量少用，其坍落度应比普通混凝土相应地减少 1～2cm，如用机械振捣，可控制在 2cm 左右，用人工捣固，宜控制在 4cm 左右。

4）耐火混凝土的搅拌时间应比普通混凝土延长 1～2min，使混凝土的混合料颜色达到均匀为止。

（2）耐火混凝土浇筑应分层进行，每层厚度为 25～30cm。

（3）耐火混凝土的养护应遵守下列规定：

1）水泥耐火混凝土浇筑后，宜在 15～25℃的潮湿环境中养护，其中普通水泥耐火混凝土养护不少于 7d，矿渣水泥耐火混凝土不少于 14d，矾土水泥耐火混凝土一定要加强初期养护管理，养护时间不少于 3d。

2）水玻璃耐火混凝土宜在 15～30℃的干燥环境中养护 3d，烘干加热，并需防止直接曝晒而脱水快，产生龟裂，一般为 10～15d 即可吊装。

3）水泥耐火混凝土在气温低于 7℃和水玻璃耐火混凝土在低于 10℃的条件下施工时，均应按冬期施工执行，并应遵守下列规定：

a. 水泥耐火混凝土可采用蓄热法或加热法（电流加热、蒸汽加热等），加热时普通水泥耐火混凝土和矿渣水泥耐火混凝土的温度不得超过 60℃，矾土水泥耐火混凝土不得超过 30℃。

b. 水玻璃耐火混凝土的加热只许采用干热方法，不得采用蒸养，加热时混凝土的温度不得超过 60℃。

c. 耐火混凝土中不应掺用化学促凝剂。

（4）耐火混凝土的检验。耐火混凝土的检验项目和技术要求见表 9.1。

表 9.1　　　　　　　　　　　　　耐火混凝土的检验项目和技术要求

极限使用温度/℃	检 验 项 目	技 术 要 求
≤700	混凝土强度等级加热至极限使用温度并经冷却后的强度	≥设计强度等级 ≥45%烘干抗压强度
900	混凝土强度等级残余抗压强度： （1）水泥胶结料耐火混凝土。 （2）水玻璃耐火混凝土	≥设计强度等级 ≥30%烘干抗压强度，不得出现裂缝 ≥70%烘干抗压强度，不得出现裂缝
1200 1300	混凝土强度等级残余抗压强度： （1）水泥胶结料耐火混凝土。 （2）水玻璃耐火混凝土。 （3）加热至极限使用温度后的线收缩： 1）极限使用温度为 1200℃时。 2）极限使用温度为 1300℃时。 （4）荷重软化温度（变形 4%）	≥设计强度等级 ≥30%烘干抗压强度，不得出现裂缝 ≥50%烘干抗压强度，不得出现裂缝 ≤0.7% ≤0.9% ≥极限使用温度

注　如设计对检验项目及技术要求另有规定时，应按设计规定进行。

9.3.3　碾压混凝土质量控制与检验

碾压混凝土现场配合比质量控制主要包括原材料质量控制，混凝土配料和拌和物质量控制，浇筑仓面质量控制，混凝土试件及必要的检查、试验等。

9.3.3.1　碾压混凝土质量控制

1. 原材料质量控制

（1）胶凝材料（水泥和粉煤灰）。其物理指标和化学成分的试验方法按《水工混凝土试验规》（SL 352—2006）进行。抽样频数和地点按《水工碾压混凝土施工规范》（DL/T 5112—2009）进行，胶凝材料在运输和储存过程中要注意防潮、防雨淋、放污染。

（2）骨料。应力求砂石骨料表面含水率稳定，避免骨料的"随筛选用"。当细度模数变化超过±0.2时，应及时给予调整。粗骨料检测项目及抽样频率应满足规范要求。加强对超逊径的检测，以便及时调整配合比。

（3）外加剂。外加剂的应用通过严格的试验论证，按品种进场日期分别存放，存放地点应通风干燥，应避免雨淋、日晒及污染。

2. 配料过程的质量控制

（1）称量。对衡器和各材料检查次数和允许偏差值应符合规范要求。

（2）拌和。碾压混凝土拌和物是无落度的干硬性松散体，拌和用水量很少，不易拌和均匀，必须按规定程序投料，按规定时间拌和。每班抽查拌和时间不得少于4次，必要时应对拌和均匀性进行检查。

1）以砂浆容重分析法测定砂浆容重，差值应小于 $30kg/m^2$。

2）用洗分析法测量粗骨料含量百分比，相差不大于 10%。

为了及时发现拌和过程中的失控现象，可派有经验的人员，经常观察出机口拌和物颜色是否均匀；砂石颗粒表面是否均匀黏附灰浆；目测估计拌和物 VC 值是否合适等。在混凝土拌和生产过程中，应随时掌握各种原材料的品质及含水状况，并根据实际状况及时调整配合比，以保证混凝土质量及其均匀性。

9.3.3.2　碾压混凝土质量检验

1. 原材料的检验

根据施工规程规定，原材料现场检测项目和抽样次数按表9.2规定进行。

表 9.2　　　　　　　　　　原材料的检验项目和抽样次数

名称	检测项目	取样地点	抽样次数	检测目的	控制目标
水泥	快速测定强度等级	搅拌厂水泥库	每次浇筑块或 400t 一次	验证水泥特性	
	密度、细度、安定性、凝结时间、强度等级	水泥库	每 400t 一次	检定出厂水泥质量是否符合国家标准	
混合材料	密度、细度、需水量比、强度比、烧失量	仓库	每批或每 200t 一次	检定活性，评定均匀性	
砂	表面含水率	搅拌厂、料场	隔 1~2h 一次	调整加水量	
	细度模数	搅拌厂、筛分厂	每班一次	筛分厂生产控制，调整配合比	变化<±3%
	含泥量	搅拌厂、筛分厂	必要时		<3%

名称	检测项目	取样地点	抽样次数	检测目的	控制目标
大中小石	超逊径	搅拌厂、筛分厂	每班一次	筛分厂生产调整配合比	超径<5% 逊径<±10%
中小石	表面含水率	搅拌厂、筛分厂	隔1~2h一次	调整混凝土加水量	变化<±0.1%
小石	黏土、淤泥、细屑含量	搅拌厂	必要时	检测杂质含量	
外加剂	有效物含量（或密度）	搅拌厂	每班一次	调整加水量	

碾压混凝土用水泥应符合国家标准，细骨料的细度模数取 2.2~3.0，粗骨料应严格控制各级的超逊径，以原孔筛检验时超逊径小于 5%，逊径小于 10%，细骨料应有一定的脱水时间，含水率宜小于 6%，当粗细骨料的含水率变化超过 ±0.2% 时，应调整配合比。

由于碾压混凝土用水量较少，骨料含水的影响甚为突出，所以应加强对骨料含水率的测定，以便及时调整混凝土的加水量。含水率的测定应力求自动连续进行，如采用 SM-1 型砂子含水率测定仪可用表头显示砂的含水率，使用时将探头的极板按在砂子称量漏斗内，探头可与砂仓和称量弧门同步，其测试原理为电容法，误差仅为 ±0.5%。

2. 新拌混凝土的检测

为控制好混凝土拌和物的配合比，除严格控制好砂石含水率外，应定期检查衡器，其称量误差不应超过表 9.3 的规定，新拌混凝土的质检，一般从机口取样，其要求按表 9.4 进行。拌和物均匀性检测应在机口与卸料处各取一次，用水洗法测粗骨料含水量时，两样品之差值应不大于 10%；用砂浆密度法测定时，两样品之差值应不大于 30kg/m³。

表 9.3 计 量 误 差 限 额 表

材料名称	水	水泥、粉煤灰	粗、细骨料	外加剂
称量误差/%	±1	±1	±2	±1

表 9.4 机口拌和物的检查项目和频数

检查项目	取样频数	检查目的	控制目标
VC 值	1次/1h	控制拌和物可碾性	控制在规定的上、下限范围内
含气量	1次/1h	调整外加剂用量	一般在 1.5% 以内
混凝土温度	1次/1h	温控要求	低于设计要求的入仓温度
水胶比	1次/1h	控制混凝土强度	不大于标准值 0.02
抗压强度	1次/(300~500m³)	评定质量及施工水平	满足设计要求

维勃稠度 VC 值宜在 ±5s 范围内，超出时应调整配合比的用水量。但应注意 VC 值受气温及气象影响较大，因此，在不同季节和天气情况下，对 VC 值的要求不同。出机口 VC 值的调整，实质上是加水量的增减，VC 值由 10s 增加到 30s 时，混凝土拌和用水量 W 约减少 8~10kg/m³。如果不改变胶凝材料用量，则相当于水胶比变化 0.06~0.1，从而引起混凝土强度的波动。

拌和水灰比（水胶比）的测定，可以快速判定混凝土质量。按其测定原理可分为物理法和化学法两类。物理法是采用水洗和筛分混凝土拌和物以求得其中水和水泥的含量。化学法是采用强酸分解水泥，然后测定分解反应热或钙镁离子溶出量，和率定的水泥含量与反应热关系曲线或钙镁离子溶出量曲线比较，决定水泥量。

9.3.4　泵送混凝土的质量检验与控制

泵送混凝土的质量控制，是泵送混凝土施工的核心，是保证工程质量的根本措施。要保证泵送混凝土的质量，必须从原料的选用开始，在原材料计量、混凝土搅拌和运输、混凝土泵送的浇筑、混凝土养护和检验等全过程得以具体体现，进行全面有效的管理和控制。

9.3.4.1　原材料的质量检验与控制

1. 水泥检验

正确选择水泥的品种和强度等级，并要对其包装或散装仓号、品种、出厂日期等进行检查验收，每批水泥应有厂家的材质试验报告，按国家和行业的有关规定，对进场水泥进行取样复检。

2. 混合材料检验

粉煤灰的检测取样以每 200t 为一个取样单位，不足 200t 时也作为一取样单位。检测项目包括细度、需水量比、烧失量、三氧化硫、含水率等指标。

3. 外加剂的检验

混凝土所使用的各种外加剂均应有厂家的质量证明书，对进场的各种外加剂委托具有资质的检测单位进行检测，合格后方可投入使用，贮存时间过长的重新取样。

4. 水质检查

拌和及养护混凝土所用的水，按规定进行水质分析，按工程师指示进行定期检测。

5. 骨料质量检验

骨料的质量检测取样以每 600m³ 为一个取样单位，不足 600m³ 时也作为一取样单位。检测项目包括各种骨料的粒径、含泥量和砂的细度模数等。

9.3.4.2　混凝土搅拌的质量控制

混凝土搅拌的质量控制，关键在于保证混凝土原材料的称量精度、搅拌充分。在进行泵送混凝土配合比设计时，应符合《混凝土泵送施工技术规范》（JGJ/T 10—2011）和《普通混凝土配合比设计技术规程》（JGJ 55—2011）的规定。确定混凝土施工配制强度，应符合《混凝土结构工程施工及验收规范》（GB 50204—2002）的规定。

1. 均匀性检测

根据要求对混凝土拌和均匀性进行检测，定时在出机口对一盘混凝土按出料先后各取一个试样，以测定砂浆密度。

2. 坍落度检测

按施工图纸的规定和工程师指示，每班进行现场混凝土坍落度的检测，出机口检测四次，仓面检测两次。

3. 强度检测

现场混凝土质量检验以抗压强度为主，辅以抗冻强度的检测和抗渗强度的检测。

9.3.4.3　混凝土运输的质量控制

混凝土运输的质量控制，是保持混凝土拌和物原有性能的重要环节。为保证混凝土运输中的质量，首先要选择适宜的运输工具，最好采用混凝土搅拌运输车，可确保在运输过程中混凝土不离析；其次选择科学的运输线路，尽量缩短运输距离，减少在运输过程中混凝土的坍落度损失；再次，运输道路要平坦，减少对混凝土的振动。

9.3.4.4　混凝土泵送的质量控制

混凝土泵送的质量控制，主要是使混凝土拌和物在泵送过程中，不离析、黏塑性良好、摩擦阻力小、不堵塞、能顺利沿管道输送。混凝土在入泵之前，应检查其可泵性，使其 10s 时的相对沁水率 S_{10} 不超过 40%，其他项目应符合国家现行标准《预拌混凝土》（GB/T 14902—2012）的有关规定。

9.3.5　水下混凝土质量的控制

在干处进行拌制，而在水下浇筑和硬化的混凝土称为水下混凝土。

（1）水下混凝土的拌制。

1）水下混凝土的拌制宜由专设的混凝土搅拌站（点）或搅拌船集中搅拌。搅拌混凝土时应按配料单进行配料，不得任意更改。

2）水下混凝土的组成材料必须称量，称量使用的各种衡器应定期校验，保证计量准确。

3）水下混凝土的运输和输送。

4）运输中所经道路应平整，运输能力应与搅拌及浇筑能力相适应，并应缩短运输时间和倒运次数。

（2）对于水下不分散混凝土的泵送宜采用泵送能力较大的活塞式混凝土泵，并宜适当增大管径，减少弯头和减小输送距离。

（3）采用吊罐运输时，吊罐应便于卸料，活门应开启方便，关闭严密，不得漏浆。

（4）水下混凝土的浇筑。

1）水下模板的设计，除按有关规定的荷载计算外，尚应根据实际情况考虑水流和波浪等荷载的影响。

2）水下模板应具有较高的保持形状和位置的稳定性，宜采用钢模板、素混凝土或钢筋混凝土制成的永久式模板。

3）模板的构造应简单，拆卸应方便，并应制成装配式或整体式，以减少和方便水下作业。必要时可在陆上进行试拼，以便潜水员掌握模板装拆要点。

4）水下模板安装，应注意下列事项：

a. 模板应尽量在陆上组装牢固，防止在水下进行安装作业时发生变形，或因混凝土侧压力造成变形而涌浆。

b. 模板下沉定位时，应考虑水流、波浪的影响，并宜采用螺栓或锚缆固定。必要时应增荷加压，确保稳定。

c. 水下模板的接缝应严密。模板与旧混凝土或岩石接缝处有较大缝隙时，宜用袋装混凝土或沙袋予以堵塞。

d. 钢筋绑扎应在陆上进行，由潜水员在水下按设计图纸进行固定。

9.3.6　滑膜混凝土的质量检验和控制

　　滑膜施工工程质量的检查，必须遵守质量检查制度和规程。混凝土浇筑前，必须对滑膜装置安装的质量全面复验验收，必要时进行加载试验。混凝土的施工质量检查遵守常规混凝土检查的有关规定外，尚应检查混凝土的分层浇筑厚度，模板（体）的滑动速度，脱模后的混凝土有无坍落、拉裂和蜂窝麻面。对结构钢筋、插筋各种预埋件的数量、位置以及钢筋、支承杆接头的焊接质量焊等进行检查。每滑移 1～3m，应对建筑物的轴线、体形尺寸及标高进行测量检查，并做好记录。滑膜施工过程中检查发现的质量问题，必须予以处理，并做好施工记录，作为评定施工质量和竣工验收的基本资料。

9.3.7　真空混凝土的质量检验和控制

　　对真空混凝土的检验主要是混凝土强度，其检验多用立方体抗压强度试验，如需做抗折、抗渗等试验，也可做相应的试件试验。试件的制作主要有下述几种方法：

　　（1）同条件成型试件就是将真空混凝土试模置于与施工同条件的环境里成型、养护，然后以该试件的试验结果来反映施工质量。

　　（2）熟料成型法是将已进行真空脱水处理的混凝土拌和物，即真空混凝土拌和物"熟料"，从施工区域内挖取一部分将它放入标准试模中，按干硬性混凝土试件成型要求成型，待一定龄期后再进行强度等试验。

　　（3）钻芯法是在已结硬的真空混凝土上钻取圆柱形芯样，进行试验，以检验真空混凝土的质量。

9.3.8　季节混凝土的质量检验与控制

　　由于夏季气温高，水分蒸发快，干燥快，混凝土的坍落度损失快，新浇筑的混凝土可能出现凝结速度加快、强度降低等现象，并会产生许多裂缝等现象，从而影响了混凝土结构本身的质量，为此必须采取一些有效措施。从混凝土的拌和、运输、混凝土的浇筑以及整修和养护等方面加强控制保证混凝土的施工质量符合施工规范及设计要求。

　　为保证夏季混凝土施工质量，夏季混凝土施工应按照以下有关指标规定指导施工：对于水胶比大于 4.5 的混凝土，当日平均气温不小于 20℃时，养护时间不低于 14d；对于水胶比不大于 4.5 的混凝土，当日平均气温不小于 20℃时，养护时间不低于 10d。

　　根据混凝土施工的实际工艺和混凝土本身的特点，夏季混凝土施工主要从混凝土的拌和、运输、混凝土的浇筑以及整修和养护等方面加强控制保证混凝土的施工质量符合施工规范及设计要求，具体措施如下。

9.3.8.1　原材料温度控制措施

　　为了控制混凝土的出仓温度，混凝土拌制时应采取措施控制混凝土的温升，并一次控制附加水量，减小坍落度损失，减少塑性收缩开裂。在混凝土拌制、运输过程中采取以下措施。

　　（1）配制混凝土时，严格控制水泥用量以及水泥进入拌机前的温度，水泥入机温度不得大于 40℃，以降低水泥对高性能混凝土的出机温度的影响。

　　（2）粗细骨料必须放置遮阳棚内，避免阳光直线照射，必要时应在拌和前对骨料喷洒冷水降温。

（3）外加剂其他各项指标应满足要求，外加剂存储仓必须采用隔热防晒措施；胶凝材料采取在罐体外涂刷反光涂料，减少罐体的吸热性能，或在罐体外包裹防晒布的方式进行遮阳，外加剂等罐体采取覆盖遮阳处理。

（4）施工用水尽可能采用地下泉水，施工用蓄水池顶部设计遮阳防晒顶棚，防止太阳暴晒，保证拌和用水温度不受影响；必要时在水池内加放冰块，降低拌和用水水温。

（5）严格进场材料检验，主要控制骨料（砂石）的含泥或粉尘含量，减水剂的性能等，保证混凝土本身质量。

9.3.8.2 混凝土的拌制控制措施

（1）对施工配合比进行设计优化，使用减水剂或以粉煤灰取代部分水泥以减小水泥用量；最大可能的降低混凝土自身的水化热。

（2）施工前进行拌和系统计量设备的标定，保证各种原材料计量准确；防止出现计量不准而影响混凝土本身质量。

（3）严格按照配合比进行施工，严禁擅自调整施工配合比。

（4）严格按照混凝土施工操作规程，先投细骨料和外加剂，加水搅拌均匀后再投粗骨料，为保证混凝土拌和均匀，水化充分，混凝土的搅拌时间不得少于120s。

（5）在进行混凝土的搅拌生产前，除对用于混凝土生产的原材料进行常规检验外，还需对各种原材料进行温度测试，详细测出原材料的温度，如水泥、粉煤灰、碎石、水、外加剂等原材料的温度。在首盘混凝土试拌前必须对拌和物的温度进行计算，初步确定拌和物的出机温度 T_1。

（6）根据混凝土出机后经过输送（或运输）环节过程产升的温升（经验统计值），计算混凝土的入模温度 T_2。将混凝土的入模温度和规范要求的最高不超过 30℃，进行比较。当 $T_2 < 30℃$ 时无需采取措施，即可进行首盘混凝土的试拌，并对首盘混凝土的温度进行测试，当测试温度及其他试验指标合格后方可进行混凝土的搅拌生产和浇筑；当 $T_2 > 30℃$ 时，必须采取冷却水进行混凝土的试拌。在试拌前同样按上述的步骤进行拌和物的温度计算和比较。

（7）在施工过程中及时对计算的拌和物出机、入模温度、实测的拌和物出机、入模温度和原材料的温度、气温进行对比和分析，以便更好的掌握和控制混凝土的温度。对大体积混凝土拌和物的出机温度、浇筑温度及浇筑时的气温应进行监测，至少每 2h 应测一次。

9.3.8.3 混凝土的运输

混凝土的运输包括从拌和站至入模过程，在炎热的夏季，外界气温和阳光将使混凝土在运输过程中吸热升温和造成坍落度损失而加快水化引起凝结。需采取必要的措施减少运输过程中的混凝土坍落度损失，具体措施如下：

（1）对于高温季节里长距离运输混凝土的情况，可以考虑搅拌车的延迟搅拌，以 2～4r/min 转速搅拌，使混凝土到达工地时仍处于搅拌状态。

（2）使用的混凝土运输车罐体外涂白色油漆，增强罐体表面的反射能力。

（3）加强设备检查，保证混凝土的运输能力，同时保证施工便道平坦通畅，缩短运输时间。

（4）使用输送泵进行混凝土浇筑时，在现场搭设混凝土输送车使用的遮阳棚；混凝土泵管上可包敷 30mm 厚土工布、海绵等保水材料并经常喷水保持湿润，以减少混凝土拌和物因运输而造成温度回升。

9.3.8.4　混凝土的浇筑

（1）加强施工组织，合理配制资源，根据运距合理安排罐车数量和施工人数，加快施工速度，保证在混凝土初凝前完成，同时较少外界环境的影响时间。

（2）作好施工计划，合理安排浇筑时间，以避免在日最高气温时浇筑混凝土。在高温干燥季节，晚间浇筑混凝土受风和温度的影响相对较小，且可在接近日出时终凝，而此时的相对湿度较高，因而早期干燥和开裂的可能性最小。混凝土必须在夜间气温较低时浇筑，即在夜间 18：00 时以后开盘，早晨 6：00 时前结束。

（3）加强混凝土施工过程控制。完善相应的混凝土记录表格，对混凝土性能测试记录、混凝土灌注记录、混凝土拆模和养护记录等内容要进行全过程监控和记录，记录资料作为质量控制的重要资料保管和存档。

（4）混凝土浇筑前检查降温设备和温控措施是否落实到位，如不到位坚决制止混凝土灌注施工。

（5）夏季混凝土浇筑前及过程中加强对拌和物坍落度、含气量、入模温度、水胶比、泌水率等性能进行测试并记录混凝土的性能指标，首盘混凝土必须测量，以后每隔 2h 测量一次。不满足要求的不浇筑入模。夏季混凝土浇筑时间不得超过初凝时间。

（6）混凝土到达现场后，在卸料前使罐车高速旋转 20～30s，将拌和物搅拌均匀，然后下料。

（7）与混凝土接触的各种工具、设备和材料等，如浇筑溜槽、输送机、泵管、混凝土浇筑导管、钢筋和手推车等，不要直接受到阳光曝晒，必要时应洒水冷却。

（8）严格控制混凝土的自由下料高度不超过 2.0m，高度大于 2.0m 时应通过串筒或溜槽辅助下料；同时根据混凝土流动度合理布置布料管，保证布料均匀。

（9）控制混凝土的一次摊铺厚度不大于 60cm，堆积高度不超过 1.0m，分层连续进行，中间停顿时间不得超过 90min。

（10）加强混凝土的振捣，保证混凝土均匀密实。混凝土浇筑后，随即振捣，振捣时间要合适。振动时移动间距不应超振动器作用半径的 1.5 倍；与侧模应保持 5～10cm 的距离，插入下层混凝土 5～10cm，使上下层混凝土结合牢固；振捣以混凝土表面停止沉落，或沉落不显著，呈现平坦、泛浆，振捣不再出现显著气泡，或振动器周围无气泡冒出为度。

（11）在旧混凝土表面浇筑新混凝土时，除对旧混凝土表面凿毛处理外，用水将旧混凝土结构冷却，使混凝土接触面温度低于 30℃，与新浇混凝土温度基本相当。

冬季混凝土施工，必须编制专项施工组织设计和技术措施，以保证浇筑的混凝土满足设计要求。

混凝土早期允许受冻临界强度应满足下列要求：大体积混凝土不应低于 7.0MPa，非大体积混凝土和钢筋混凝土不应低于设计强度的 85%。

低温季节，尤其在严寒和寒冷地区，施工部位不宜分散。已浇筑的有保温要求的混凝土，在进入低温季节之前，应采取保温措施。进入低温季节，施工前应先准备好加热、保温和防冻材料（包括早强、防冻外加剂）。

原材料的储存、加热、输送和混凝土的拌和、运输、浇筑仓面，均应选择适宜的保温措施。骨料宜在进入低温季节前筛洗完毕。成品料应有足够的储存和堆高，并要有防止冰雪和冻结的措施。低温季节混凝土拌和宜先加热水。当日平均气温稳定在−5℃以下时，宜加热骨料。骨料加热方法，宜采用蒸汽排管法，粗骨料可以直接用蒸汽加热，但不得影响混凝土的水灰比。骨料不需加热时，应注意不能结冰，也不应混入冰雪。拌和混凝土之前，应用热水或蒸汽冲洗搅拌机，并将积水排除。

在岩基或老混凝土上浇筑混凝土前，应检测其温度，如为负温，应加热至正温，加热深度比小于10cm或以浇筑仓面边角（最冷处）表面测温为正温（大于0℃）为准，经验合格后方可浇筑混凝土。仓面清理宜采用热风枪或机械方法，不宜用水枪或风水枪。在软基上浇筑第一层基础混凝土时，基土不能受冻。

拌和用水加热超过60℃时，应改变加料顺序，将骨料与水先拌和，再加入水泥，以免假凝。混凝土浇筑完毕后，外漏表面应及时保温。新老混凝土接合处和边角应加强保温，保温层厚度应是其他面保温层厚度的2倍，保温层搭接长度不应小于30cm。

本 章 小 结

本章主要介绍了普通混凝土的质量控制与检测，预制构件的质量控制和性能检验以及特种混凝土的质量控制与检验。

普通混凝土的质量控制主要是从原材料的质量和配合比两方面的进行控制，质量检测主要是进行混凝土拌和物质量和浇筑质量检测，保证混凝土结构的施工质量。

预制构件的质量控制主要包括模板的质量、钢筋与预埋件的质量和位置、混凝土的运输、浇筑与振捣等方面内容的控制，预制构件结构性能的检测主要介绍了结构性能的检测要求和不同构件类型的检测方法。

特种混凝土的质量控制主要介绍了几种特种混凝土的各自的质量控制的重点和各自在工程实际中的检测方法。

思 考 题

9.1 混凝土的和易性检查有什么规定？

9.2 怎样对预制构件的结构性能进行检验？

9.3 碾压混凝土的质量如何进行控制？

9.4 怎样进行泵送混凝土的质量检验与控制？

9.5 喷射混凝土的厚度如何进行测定？

9.6 夏季、冬季混凝土的质量如何进行控制？

9.7 如何对滑模混凝土的质量进行检验与控制？

9.8 如何对真空混凝土的质量进行检验？

第 10 章　文明施工与安全防护

【学习目标】　掌握文明施工的实施措施、安全防护的内容，掌握安全事故的预防，安全事故发生时处理程序。

【知 识 点】　文明施工的内容、意义及实施的措施，混凝土施工安全防护的内容，安全事故预防与处理。

【技 能 点】　能够制定文明施工的措施，混凝土施工安全防护的注意事项，安全事故发生时能够进行制定安全事故处理的措施。

10.1　文　明　施　工

10.1.1　文明施工的内容

文明施工是保持施工现场良好的作业环境、卫生环境和工作秩序的一种施工活动。主要内容包括：

（1）规范施工现场的场容，保持作业环境的整洁卫生。

（2）科学组织施工，使生产有序进行。

（3）减少施工对周围居民和环境的影响。

（4）遵守施工现场文明施工的规定和要求，保证职工的安全和身体健康。

10.1.2　文明施工的意义

（1）文明施工能促进企业综合管理水平的提高。

（2）文明施工能减少施工对周围环境的影响，是适应现代化施工的客观要求。

（3）文明施工代表企业的形象。

（4）文明施工有利于员工的身心健康，有利于培养和提高施工队伍的整体素质。

10.1.3　文明施工的实施措施

施工现场文明施工管理的好坏，直接反映着一个企业的外部形象，树立企业形象，展现企业风采，全面开展创建文明工地活动，做到"两通三无四必须"：施工现场人行道畅通，施工工地沿线单位和居民出入口畅通；施工中无管线高放，施工现场排水通畅无积水，施工工地道路平整无坑塘；管理人员必须要开展以创建文明工地为主要内容的思想政治工作。

文明施工有以下措施：

（1）实行项目管理制度。

（2）施工现场有规范和科学的施工组织设计，合理的装饰施工平面布置图，现场施工管理制度健全，文明施工措施落实，责任明确，定人定岗，检查考核项目明确。

（3）施工现场安全标准齐全应悬挂在门前或场内明显位置。

（4）施工现场内外整洁卫生，有一个良好的生产、工作、生活环境。

（5）施工现场材料、机具、设备、构件、半成品和周转材料按平面布置、定点整齐码放，道路保持畅通无阻，供排水系统畅通无积水，施工场地平整干净。

（6）工地施工现场临时水电要有专人管理；工人操作地点和周围必须清洁整齐，做到活完脚下清，工完场地清，丢洒在施工现场的砂浆水泥等要及时清除。

（7）严禁损坏污染成品，堵塞管道。

（8）施工现场不准乱堆垃圾及余物，应在适当位置安排临时堆放点，并及时、定期外运。

（9）设置黑板报，针对工程施工现场情况，适时更换内容，奖优罚劣，鼓舞士气和宣传教育。

（10）施工现场划区管理，每道工序做到"落手清"，施工材料和工具及时回收、维修、保养、利用、归库，工程完工后料净、场清、各工序成品要妥善保护好。

（11）施工现场管理人员和工人应戴分色或有区别的安全帽，现场指挥、质量、安全等检查监督人员应佩戴明显的袖章或标志，遵章管理，危险施工区域应派人佩章值班，并悬挂警示牌和警示灯。

（12）施工现场施工设备整洁，电气开关柜（箱）按规定制作，完整带锁，安全保护装置齐全可靠并按规定设置，操作人员持证上岗，有岗位职责标牌和安全操作规程标牌。

（13）施工现场有明显的防火标志和防火制牌，配备有足够的消防器材，防火疏散道路畅通，现场施工动火有审批手续。

（14）运输各种材料、成品、垃圾等应有覆盖和防护措施，严防泥沙随车轮带出场外，不得将垃圾洒漏在道路上影响环境卫生。

（15）严格遵守社会公德、职业道德、职业纪律、妥善处理好厂内周边的公共关系，控制施工噪音，尽量做到施工不干扰厂内职工正常工作。

（16）施工现场办公室、仓库、场地等保持清洁卫生，并建立卫生包干区。

（17）施工现场禁止居住人员，严禁非施工人员在施工现场穿行，逗留。

10.2 安 全 防 护

10.2.1 准备工作

安全生产的准备工作主要是对各项安全设施，认真检查其是否安全可行及有无隐患，尤其是模板支撑、脚手架、架设运输道路及指挥、联络信号等。施工现场的入口处和所有危险作业区域，都应悬挂安全生产宣传画、标语和安全色标，随时提醒工人注意作业安全。危险地段，夜间还应设红灯示警。凡施工作业高度在2m以上时，均应采取有效防护措施。交叉作业处要设置隔离的安全技术措施，以防落物伤人。安全网是高处作业的重要防护设施，对安全网的使用要按标准定期进行冲击试验，合格后才能使用。悬挂作业时，工人必须系好安全带，才能进行作业。

此外，对上岗人员要求戴安全帽。安全帽是用来保护头部，防止物体打击头部的个人防护用品。如果戴安全帽者由高空坠落，头部先着地而帽不脱落，还可避免伤害。缓冲衬垫的松紧要由带子调节，人的头顶和帽体内部的空间至少要有 32mm 才能使用。这样在遭受冲击时不仅帽体有足够的空间可供变形，而且间隔还有利于头和帽体之间的通风。使用时安全帽要戴正，否则会降低安全帽对于冲击的防护作用。使用时安全帽下颌带要系结实，防止安全帽掉落而起不到防护作用。不要为了透气而在安全帽上随便开孔，避免安全帽帽体强度降低。要定期检查安全帽有无龟裂、下凹、裂痕和磨损等情况，不能使用有缺陷的帽子。

10.2.2　混凝土配料

在工作前，应检查所使用的一切工具是否良好、牢靠。工作前应校正磅秤，根据混凝土配料单准确计重。推土机推送砂石料时，要有行车警戒线。地垄、料口、料斗，磅秤等发生故障时，应停止工作后再进行处理。配料时，工作人员应偏离下料斗一定距离，谨防砾石伤人，如骨料弧门卡牢，应从侧面捅料。处理骨料卡死时，禁止用手掏摸。料口、称料口下料要匀称，防止猛下猛砸。使用带式输送机运料，应经常清扫撒落的砂石料，并应遵守带式输送机运行安全操作规程。要定时检查地垄，搅拌机台架等，发现问题并及时处理。

10.2.3　混凝土拌和

10.2.3.1　人工拌制混凝土

少量混凝土采用人工搅拌时，要采用两人对面翻拌作业，防止铁锹等手工工具碰伤。由高处向下推拔混凝土时，注意不要用力过猛，以免惯性作用发生人员跟下摔伤事故。

10.2.3.2　拌和站拌和

安装机械的地基应平整夯实，用支架或支脚筒架稳，不准以轮胎代替支撑。机械安装要平稳、牢固。对外露的齿轮、链轮、皮带轮等转动部位应设防护装置。开机前，应检查电气设备的绝缘和接地是否良好，检查离合器、制动器、钢丝绳、倾倒机构是否完好。搅拌机的操作人员应经过专门的技术和安全培训，并经考试合格后，方能正式操作。拌筒应由清水冲洗干净，不得有异物。启动后应注意搅拌筒转向与搅拌筒上标示的箭头方向一致。待机械运转正常后再加料搅拌。若遇中途停机、停电时，应立即将料卸出，不允许中途停机后重载启动。搅拌机的加料斗升起时，严禁任何人在料斗下通过或停留。不准用铁锹、木棒往下拨、刮搅拌筒口。工具不能碰撞搅拌机，更不能在转动时，把工具伸进料斗里扒浆，工作完毕后应将料斗锁好，并检查一切保护装置。未经允许，禁止拉闸、合闸和进行不合规定的维修。现场检修时，应固定好料斗，切断电源。进入搅拌筒内工作时，外面应有人监护。拌和站的机房、平台、梯道、栏杆必须牢固可靠。站内应配备有效的吸尘装置。操纵皮带机时，必须正确使用防护用品，禁止一切人员在皮带机上行走和跨越；机械发生故障时应立即停车检修，不得带病运行。

10.2.3.3　拌和楼拌和

机械转动部位的防护设施，应经常检查，保持完好。电气设备和线路必须绝缘良好。

电动机必须按规定接零接地。临时停电或停工时，必须拉闸、上锁。压力窗口应按规定定期进行压力试验，不得有漏风、漏水、漏气等现象。楼梯和挑出的平台，必须设安全防护栏，马道板不得腐烂、缺损。冬季要防止结冰溜滑。消防器材应齐全、良好。楼内严禁存放易燃易爆物品。禁止明火取暖。楼内各层照明设备应充足，各层之间的操作联络信号必须准确可靠。机械、电气设备不得带病及超负荷运行，维修必须在停止运转拉闸后进行。检修时，应切断相应的电源，并挂上"有人工作，不准合闸"的标示牌。

10.2.4 混凝土运输

10.2.4.1 手推车运输

运输道路应平坦，斜道坡道坡度不得超过 8%。推车时应注意平衡，掌握中心，不准猛跑和溜放。向料斗倒料，应有挡车设施，倒料时不得撒把。推车途中，前后车距在平地不得少于 2m，下坡不得少于 10m。用井架垂直提升时，车把不得伸出笼外，车轮前后要挡牢。行车道要经常清扫，冬季施工应有防滑措施。

10.2.4.2 自卸汽车

装卸混凝土应有统一的联系和指挥信号。驾驶员必须严格遵守交通规则和有关规定。自卸汽车向坑洼地点卸混凝土时，必须使后轮与坑边保持适当的安全距离，防止塌方翻车。卸完混凝土后，自卸汽车应立即复原，不得边走边落。车辆倒车时和停车时不准靠近建筑物基坑（槽）边沿，以防土质松软车辆倾翻。在雨、雪、雾天气，车的最高时速不得超过 25km/h，转弯时，要防止车辆横滑。自卸车厢内严禁搭人。夜间行车，应适当减速，并开放灯光信号。

10.2.4.3 吊罐运送

使用吊罐前，应对钢丝绳、平衡梁、吊锤（立罐）、吊耳（卧罐）、吊环等起重部件进行检查，如有破损则禁止使用。吊罐的起吊、提升、转向、下降和就位，必须听从指挥。指挥信号必须明确、准确。起吊前，指挥人员应得到两侧挂罐人员的明确信号，才能指挥起吊；起吊时应慢速，并应吊离地面 30～50cm 时进行检查，在确认稳妥可靠后，方可继续提升和转向。吊罐吊至仓面，下落一定高度时，应减慢下降、转向及吊机行车速度，并避免紧急刹车，以免晃动撞击人员。要慎防吊罐撞击模板、支撑、拉条和预埋件等。吊罐卸完混凝土后应将斗门关好，并将吊罐外部附着的骨料砂浆等清除后，方可吊离。放回平板车时，应缓慢下降，对准并放置平稳后方可摘钩。吊罐正下方严禁站人。吊罐在空中摇晃时，严禁扶拉。吊罐在仓面就位时，不得硬拉。当混凝土在吊罐内初凝，不能用于浇筑，采用翻罐处理废料时，应采取可靠的安全措施，并有带班人在场监护，以防发生意外。吊罐装运混凝土时严禁混凝土超出罐顶，以防外落伤人。立罐门的托辊轴承、卧罐的齿轮，要经常检查紧固，防止松脱坠落伤人。

10.2.4.4 混凝土泵

混凝土泵操作人员，必须经过训练，了解机械性能、操作方法，方可进行操作。混凝土泵应尽量安装在离浇灌工作面靠近的地点。地基必须坚实，保持泵体水平。开动时不允许有振动现象。悬臂动作范围内，禁止有任何障碍物和输电线路。操作时，操纵开关、调整手柄、手轮、控制杆、旋塞等均应放在正确位置，液压系统应无泄漏。为防止超径骨料进入承斗内卡塞导管，应在进料系统设专人监视扒拣。

10.2.4.5　平仓混凝土

浇筑混凝土前应全面检查仓内排架、支撑、模板及平台、漏斗、溜筒等是否安全可靠。仓内脚手架、支撑、钢筋、拉条、预埋件等不得随意拆除、撬动，如需拆除、撬动时，应征得施工负责人的同意。平台上所预留的下料孔，不用时应封盖。平台除出入口外，四周均应设置栏杆和挡板。仓内人员上下应设置靠梯，严禁从模板或钢筋网上攀登。吊罐卸料时，仓内人员应注意躲开，不得在吊罐正下方停留或操作。平仓振捣过程中，经常观察模板、支撑、拉筋等是否变形。如发现变形有倒塌危险时，应立即停止工作，并及时报告。操作时不得碰撞、触及模板、拉条、钢筋和预埋件。不得将运转中的振捣器，放在模板或脚手架上。仓内人员要集中思想，互相关照。浇筑高仓位时，要防止工具和混凝土骨料掉落仓外，更不允许将大石块抛向仓外，以免伤人。使用电动式振捣器须有触电保安器或接地装置。搬移振捣器或中断工作时，必须切断电源。湿手不得接触振捣器的电源开关。振捣器的电缆不得破皮漏电。下料溜筒被混凝土堵塞时，应停止下料，立即处理，处理时不得直接在溜筒上攀登。电气设备的安装拆除或在运转过程中的事故处理，均应由电工操作。

10.2.4.6　施工缝处理

冲毛、凿毛前应检查所有工具是否可靠。多人同在一个工作面内操作时，应避免面对面近距离操作，以防飞石，工具伤人。严禁在同一个工作面上下层同时操作。使用风钻、风镐凿毛时，必须遵守风钻、风镐安全技术操作规程。在高处操作时应用绳子将风钻、风镐拴住，并挂在牢固的地方。检查砂枪枪嘴时，应将风阀关闭，并不得面对抢嘴，也不得将抢嘴指向他人。使用砂罐时必须遵守压力窗口安全技术规程。当砂罐与风砂枪距离较远时，中间应有专人联系。用高压水冲毛，风、水管须装设控制阀，接头应用铅丝扎牢，使用冲毛机操作时，还应穿戴好防护面罩、绝缘手套和长筒胶靴。冲毛时要防止泥水冲到电器设备或电力线路上。工作面的电线灯头应悬挂在不妨碍冲毛的安全高度。仓面冲洗时应选择安全部位排渣，以免冲洗时石渣落下伤人。

10.2.4.7　养护

已浇筑完的混凝土，应加以覆盖和浇水，使混凝土在规定的养护期内，始终能够保持足够的润湿状态。拉移浇水管浇水养护混凝土时，不得倒退走路，注意梯口、洞口和建筑物的边沿处，以防误踏失足坠落。禁止在混凝土养护窖（池）边沿上站立或行走，同时应将窖盖板和地沟孔洞盖牢和盖严，严防失足坠落。养护用水不得喷射到电线和各种带电设备上。养护人员不得用湿手移动电线。养护水管要随用随关，不得使交通道、转梯、仓面出入口、脚手架平台等处有长流水。在养护仓面上遇有沟、坑、洞时，应设明显的安全标志。必要时，可铺安全网或设置安全栏杆。禁止在不易站稳的高处向低处混凝土面上直接洒水养护。高处作业时应执行高处作业安全规程。

10.2.4.8　预埋件和止水

吊运各种预埋件及止水、止浆片时，应绑扎牢靠，慎防在吊运过程中滑落。预埋件的安装必须牢固稳妥，不得草率，以防脱落伤人。焊接止水、止浆片时，应遵守焊接作业安全技术操作规程。

10.3 安全事故预防与处理

10.3.1 安全事故预防的原则

（1）坚持"安全第一，预防为主"的原则。

（2）坚持现场常规安全管理和重点安全管理相结合的原则。

（3）科学地安排现场施工，实现施工安全动态管理的原则。

（4）建立严格的检查、考核和统计制度，加强建筑施工企业安全管理和现场安全管理并重的原则。

（5）健全一系列安全生产责任制和规章制度；实施安全生产目标。

10.3.2 预防安全事故的具体措施

（1）加强安全思想教育和安全法规教育。

（2）加强职工安全技术知识培训和教育。

（3）加强施工现场的安全防护。

（4）严格执行安全检查制度。

（5）建立劳动保护用品按期发放制度。

10.3.3 安全事故的调查与处理

10.3.3.1 安全事故的处理程序

（1）保护事故现场，及时抢救伤员。

（2）迅速成立安全事故调查小组。

（3）事故现场情况调查。

（4）分析事故产生的原因。

（5）确定事故的性质。

（6）撰写事故报告。

（7）事故的审理和结案。

10.3.3.2 收集调查资料

为了弄清事故发生的原因，必须收集与事故有关的以下材料：

（1）与事故有关的图纸资料，如施工图、变更通知、材料替换通知等。

（2）与事故有关的施工文件资料，如施工组织设计、施工方案，安全技术措施、安全责任制、会议纪要、建设方来文等。

（3）与事故有关的各种文件资料和数据，如施工日志、构件及材料的强度报告、现场施工及管理文件等。

10.3.3.3 现场勘察

（1）发生事故时现场的基本情况，如时间、地点、天气；现场人员情况，如人数、姓名、职务；现场原先情况和事故发生后的情况确认；现场人员、机械、设备、安全防护设施和现场施工条件有无异常情况等。

（2）现场事故情况实录，采用照相、摄像和记录单的办法将现场情况如实反映出来，以便调查分析时参考。

（3）采用绘制图形的方法将事故所涉及的平面、立体关系反映出来，针对安全事故对工程所造成的破坏程度和影响程度、事故的规模以及工程质量的影响必须有明确的反应。

10.3.4　事故调查报告内容

（1）事故调查报告应包括事件发生的时间、地点及周围环境情况；事故调查的基本事实；人员伤亡情况、经济损失情况、工期损失情况及其他方面的影响等；施工现场负责人、事故受害人的情况；事故破坏程度的基本描述。

（2）事故的主要原因。通过调查查明事故发生的经过，分析各种因素如人员、技术、设备、机械等可能的事故隐患，找出事故产生的主要原因。

（3）事故调查小组在报告中，要充分反映事故发生的经过、原因、责任、教训、损失情况、处理意见及改进安全措施的意见和建议，报有关部门审批。

（4）附有关调查材料的原件。

10.3.5　事故的审理和结案

（1）事故调查报告上报后，经有关部门审批后才能结案。

（2）对事故主要责任人应根据事故的损失大小和责任轻重区别对待，严肃处理。

（3）安全事故资料进行专案存档。

10.3.6　事故处理方案

一般情况下追究与安全质量事故有关的直接责任人、主要责任人和领导责任人的责任，主要有行政处理、经济赔偿、法律责任三方面的内容，视具体情况的轻重而定。

本　章　小　结

本章主要介绍文明施工的内容，主要包括文明施工的内容，文明施工对工程建设的重要意义以及要做好现场文明施工要采取哪些措施。

做好现场文明施工主要是为了减少安全事故的发生，提高施工的质量。减少安全事故的发生主要一点是要做好安全防护，这里主要介绍了在混凝土施工过程中做好安全防护的重点内容。同时，这里也简单介绍了工程项目建设过程中安全事故的预防原则、措施以及安全事故处理的内容。

思　考　题

10.1　文明施工的内容有哪些？

10.2　文明施工的意义有哪些？

10.3　拌和楼拌和混凝土时应注意哪些安全问题？

10.4　用手推车运输混凝土的安全要求是什么？

10.5　用吊罐运送混凝土的安全要求是什么？

10.6　施工缝处理时应采取哪些安全措施？

10.7　混凝土养护时应采取哪些安全措施？

10.8　预防安全事故的具体措施有哪些？

参 考 文 献

［1］ 付元初．水利水电工程施工手册：混凝土工程［M］．北京：中国电力出版社，2002．

［2］ 刘道南．水工混凝土施工［M］．北京：中国水利水电出版社，2010．

［3］ 吴中伟．绿色高性能混凝土与科技创新［J］．建筑材料学报，1998（9）．

［4］ 姜超．未来混凝土的发展及设想［J］．百度文库，2013．http://wenku.baidu.com/view/01fac13aaaea998fcc220e3b.html．

［5］ DL/T 5144—2001 中华人民共和国电力行业标准 水工混凝土施工规范［S］．北京：中国电力出版社，2001．

［6］ 中华人民共和国建设部．JGJ 55—2011 普通混凝土配合比设计规程［S］．北京：中国建设工业出版社，2011．

［7］ 张四维．水利工程施工［M］．3 版．北京：中国水利水电出版社，2007．

［8］ 钟汉华．坝工混凝土工［M］．郑州：黄河水利出版社，1995．

［9］ 杨康宁．水利水电工程施工技术［M］．北京：中国水利水电出版社，2001．

［10］ 袁光裕．水利工程施工［M］．4 版．北京：中国水利水电出版社，2005．

［11］ 魏璇．水利工程施工组织设计指南［M］．北京：中国水利水电出版社，1999．

［12］ 司兆乐．水利水电枢纽施工技术［M］．北京：中国水利水电出版社，2002．

［13］ 谭靖夷．中国水利发电工程：施工卷［M］．北京：中国电力出版社，2000．

［14］ 牛欣欣，韩漪．建筑材料［M］．西安：西安交通大学出版社，2013．

［15］ 栋邑宁．水利工程施工技术与组织［M］．北京：中国水利水电出版社，2010．

［16］ 水利部建设与管理司，水利工程协会．施工员［M］．北京：中国水利水电出版社，2009．

［17］ 水利电力部水利水电建设总局．水利水电工程施工组织设计手册［M］．北京：中国水利水电出版社，2010．

［18］ 中华人民共和国水利部．SL 27—91 水闸施工规范［S］．北京：中国水利水电出版社，1993．

［19］ 中华人民共和国国家能源局．DL/T 5112—2009 水工碾压混凝土施工规范［S］．北京：中国电力出版社，2009．

［20］ 毛建平，金文良．水利水电工程施工［M］．郑州：黄河水利出版社，2004．

［21］ 刘祥柱．水利水电工程施工［M］．郑州：黄河水利出版社，2009．

［22］ 中华人民共和国住房和城乡建设部．GJ/T 10—2011 混凝土泵送技术规范［S］．北京：中国建筑工业出版社，2011．

［23］ 马保国．新型泵送混凝土技术及施工［M］．北京：化学工业出版社，2006．

［24］ 黄世涛．水利工程施工技术［M］．武汉：华中科技大学出版社，2013．

［25］ 黄功学．水工钢筋混凝土结构［M］．郑州：黄河水利出版社，2013．

［26］ 中华人民共和国国家能源局．DL/T 5309—2013 水利水电工程水下混凝土施工规范［S］．北京：中国电力出版社，2014．

［27］ 袁群，李立青，曹宏亮，等．新老混凝土粘结理论与研究［M］．北京：中国建筑工业出版社，2014．

［28］ 陈建国，李小琴．施工现场管理［M］．北京：中国水利水电出版社，2010．

［29］ 《水利水电工程施工手册》编委会．水利水电工程施工手册［M］．北京：中国电力出版社，2002．

［30］ 国家经济贸易委员会．DL/T 5150—2001 水工混凝土施工规范［S］．北京：中国电力出版

社，2001.

[31] 胡晓勇，崔峰. 钢纤维混凝土施工技术及质量控制 [J]. 甘肃科技，2010，26 (14)：130 - 131.

[32] 阎培渝. 现代混凝土的特点 [J]. 混凝土，2009，(1)：3 - 5.

[33] 中华人民共和国住房和城乡建设部. GB 50164—2011 混凝土质量控制标准 [S]. 北京：中国建筑工业出版社，2011.

[34] SL 677—2014 中华人民共和国水利行业标准　水工混凝土施工规范 [S]. 北京：中国水利水电出版社，2014.

[35] DL/T 5330—2015 中华人民共和国电力行业标准　水工混凝土配合比设计规程 [S]. 北京：中国电力出版社，2015.

[36] 中华人民共和国水利部. SL 27—2014　水闸施工规范 [S]. 北京：中国水利水电出版社，2014.

[37] SL/T 352—2020　中华人民共和国水利行业标准　水工混凝土试验规程 [S]. 北京：中国水利水电出版社，2020.